Inhaltsverzeichnis

Vorwort 2

Das grosse Drei-Schluchten-Projekt 20

Der Dammsitz 26

Die Gestaltung des Projekts 30

Bauarbeiten des Projekts 34

Hochwasserschutz 48

Energieproduktion 54

Schiffstransport 64

Umsiedlung der Millionen Einwohner 70

Sedimentation 76

Gefahr des Kriegs 78

Geologische Beschaffenheit und Erdbeben 80

Große Ereignisse bei Verwandlung vom Traum zur Realität 82

Das Gezhouba-Wasserprojekt ist ein Bestandteil vom Drei-Schluchten-Projekt 88

Auswirkung des Projekts auf die ökologische Umwelt 94

Schutz der Kulturgegenständen und Kulturdenkmäle im Bereich des Stausees 100

Auswirkung des Projekts auf die natürliche Landschaft in den Drei-Schluchten 110

Die ewige Schönheit der neuen Drei-Schluchten 122

Das größte Wasserprojekt auf der Welt

Das grosse Drei-Schluchten-Projekt

黄河水利出版社

Vorwort

Es gibt keinen anderen Fluss auf der Welt, der wie mit den Drei-Schluchten des Yangtse so schöne Landschaften, wie ein Korridor mit malerischen Bildern und Kulturdenkmälern von über 7000 Jahren, aufweist. Vor dem Bau des Drei-Schluchten-Projekts dachte man beim Gespräch über Drei-Schluchten sofort an das Bild, das Li Bai, der berühmteste Dichter der Tang-Zeit, in einem von seinen bekanntesten Gedichten beschrieben hatte: „Im Morgenrot nahm ich den Abschied von der Stadt Baidi, Über tausend Li fuhr ich nach Jianling zurück. Affen an beiden Ufern schrien ununterbrochen, Im Nu kam mein Boot an mehreren Bergen vorbei." Aber heute denkt man dabei an die bekannten Verse von Mao Zedong, "Hohe Schluchten bieten einen ruhigen See, darüber wird die ganze Welt staunen." Der Bau des grossen Drei-Schluchten-Projekts, zur Verbesserung des Schifffahrtswegs innerhalb der Drei-Schluchten und zur Erschließung der Wasserenergie des Yangtse, wird dem chinesischen Volk Wohlstand gereichen. All das ist der Traum von Politikern und Experten über den Nutzen Wasserwirtschaft von vielen Generationen der chinesischen Geschichte. Mit der Fertigstellung des Drei-Schluchten-Projekts wird dieser Traum realisiert.

Am 1. Juni 2003 kam es durch Schließen der Einläufe und Schleusen zur Aufstauung des Projekts. Am 16. Juni wurde die fünfstufige Doppelschleuse für die Schifffahrt eröffnet.

Am 24. Juni erzeugte der 2. Generator, als erster Generator des Wasserkraftwerks Strom und lieferte ihn an das staatliche Stromnetz. Seither hat das Drei-Schluchten-Projekt begonnen, entsprechend dem Entwurf die Funktionen seine grosse umfassende Effizienz voll zu entfalten. Die grosse Speicherkapazität des Stausees kann das Hochwasser vom Oberlauf des Yangtse aufnehmen und kontrollieren, so dass es nicht mehr willkürlich die Einwohner der beiden Seiten des Flussunterlaufs gefährden wird. Von da an erzeugt der Yangtse Tag und Nacht beim Durchfluss der Dreischluchten eine grosse Menge Energie für den Aufbau der chinesischen Wirtschaft. Seither hat der Schifffahrtsweg keine Stromschnelle mehr, der sogenannte „Darmverschluss" des Schifffahrtsweg des Yangtse´s ist verschwunden. Statt dessen ist nun ein über 500 km langer ruhiger See entstanden. Die Flotte von 10 000 Tonnen kann von Shanghai bis nach Chongqing fahren.

Mit Blick auf die ganze Welt gibt es wohl kaum ein anderes Bauprojekt auf der Welt wie das Drei-Schluchten-Projekt , um das das chinesische Volk während der ganzen Zeit, wo vom Beginn der Bauarbeit bis zur Einstauung des Drei-Schluchten-Damms dauert, besorgt war, und das viele Menschen auf der Welt interessiert hat. Es gibt dafür wahrscheinlich zwei Gründe. Einer liegt darin, dass das Drei-Schluchten-Projekt die grossen Wirtschaftlichkeit durch Hochwasserschutz, Stromerzeugung und Verbesserung des Schiffahrtswegs bringt, der andere liegt in den Problemen, die die riesigen Investitionen betreffen. Auf der Bruchzone Wu Shan, die durch die komplizierte geologische Beschaffenheit gekennzeichnet ist, wird auf künstlicher Weise eine riesige Wassereinheit von 39, 3 Mrd. m³ hergestellt. Sie wird viele natürliche Schönheiten unter dem Wasserstand von 175 m sowie viele Spuren der chinesischen Kultur und Zivilisation einstauen, sowie 2 Städte, 11 Kreisstädte , 1711 Dörfer, so dass auch über eine Million Einwohner umgesiedelt werden müssen.

Von dem Anfang der Bauarbeiten bis heute, wo das Projekt seine Wirtschaftlichkeit zu erbringen begonnen hat, ranken sich Gewinn und Verlust, Vor- und Nachteile, sowie Glück und Katastrophe hier zu einer Einheit. Daher sind die Drei-Schluchten mit ihrer Vergangenheit, ihrer Gegenwart und ihrer Zukunft mit jedem Chinesen durch ein gemeinsames Schicksal miteinander eng verbunden.

Gegenüber diesem grossen Bauprojekt könnte unsere Urteilskraft nicht mit unserer Fähigkeit Schritt halten. Aber das Festhalten an der Wandlung sollte unsere Pflicht sein. An dem einmaligen Wendepunkt der historischen Wandlung der Drei-Schluchten vom Fluss zum See sind wir dabei, es zu akzeptieren und zu beobachten. Was bald verschwinden wird, protokollieren wir. Was gerade geschieht, notieren wir. Was in Zukunft vorkommt, erwarten wir mit unseren besten Wünschen, so wie unsere Leser auch. Dieses Buch zeigt Ihnen mit prächtigen Illustrationen und inhaltreichen Texten unsere Vorhaben. Es führt Sie in das grosse Drei-Schluchten-Projekt ein und stellt Ihnen die Einwirkungen des Bauprojekts auf die Landschaften und Kulturdenkmäle in den Drei-Schluchten vor. Wir wissen genau, dass es bei weitem nicht ausreicht, dass man das bekannte Drei-Schluchten-Projekt und die großen Veränderungen in den Drei-Schluchten mit einigen Zeilen und ein paar Bildern darstellen kann. Um das großartiges Bauprojekt und die malerische Landschaft der Drei-Schluchten mit eigenen Augen zu bewundern, muss man wenigstens ein mal als Tourist dorthin reisen und sich einfühlen. Mit diesem Buch haben wir unser Bestes getan. Dennoch gibt es unvermeidbar manche Mangel und Fehler darin. So bitten wir Sie herzlich um Kritik und Hinweise, damit wir es bei der nächsten Auflage verbessern können.

Der Verfasser widmet das Buch den Freunden, die behilflich bei der Herausgabe dieses Buches gewesen sind.

Auch den Bauarbeitern des grossen Drei-Schluchten-Projekts.

Auch den Umsiedlern im Bereich der Drei-Schluchten, die ihre Heimat verlassen müssen.

Auch den Freunden, die die Drei-Schluchten lieben und sich darum kümmern.

Auch den Schriftstellern und Dichtern, die die unvergeßlichen Gedichte über Drei-Schluchten geschrieben haben.

Auch den Vorfahren, die Feuer und Samen der Zivilisation in die drei Schluchten gebracht haben.

Auch dem grossen Drei-Schluchten-Projekt

Auch den ewigen Drei-Schluchten

Verfasser   Li jinlong

2005.03.26 Yi chang

Das Schaubild der Stromzuleitungsreichweite vom Dreischluchtenprojekt des Yangtse

Zhongbaotao Insel, Dammsitz des Wasserbauprojekts der Drei Schluchten, besteht aus dem harten Granit, was als der beste Dammbausitz für Bau eines hohen Damms bezeichnet ist.

Das grosse Drei-schluchten-projekt

Eine Steinmauer wird im Westen aufragen,
So werden Regenwolken über den Wushan abgeschnitten.
Dann erscheint ein ruhiger See in den Schluchten.

Lichter am silbernen Damm

Ein ruhiger See erscheint in den Schluchten

Das Dreischluchtenprojekt nach dem Teilaufstau

Gedicht von Mao Zedong

Shuidiaogetou (Lied der Melodie des Wassers)

Schwimmen

Vor kurzem wurde Wasser von Changsha getrunken,
Nun habe ich Wuchang-Fisch gegessen.
Über den langen Changjian bin ich geschwommen,
In den weiten Himmel über Chu schaue ich so angenehm.
Egal, ob Sturm oder Wellen kommen,
Mir wäre, wie im Garten zu spazieren.
In Muße von heute denke ich an Konfuzius ,
Der sagte mal am Fluss:
Die Zeit vergeht auch so!

Die Wand aus Segeln bewegt sich,
da ruhen die Schildkröte und die Schlange.
Ein majestätisches Bild erscheint.
Eine Brücke fliegt auf die beiden Ufer vom Süden nach Norden,
Aus dem Graben der Natur wird ein breiter Weg.
Eine Steinmauer ragt aus dem Xi Fluss hervor,
Regenwolken über den Wu-Berg werden abgeschnitten.
In hohen Schluchten entsteht ein ruhiger See,
Heil bleiben würde die Fee.
Staunen sollte darüber die ganze Welt.

Da der Yangtse Tag und Nacht ungenutzt fliesst, gehen immer eine Menge von Kohle und Erdöl verloren.
Nach dem Bau des Dreischluchtenwasserprojektes fliesst der Yangtse nicht umsonst ins Meer.

水调歌头
游泳

才饮长沙水，又食武昌鱼。万里长江横渡，极目楚天舒。不管风吹浪打，胜似闲庭信步，今日得宽馀。子在川上曰：逝者如斯夫！

风樯动，龟蛇静，起宏图。一桥飞架南北，天堑变通途。更立西江石壁，截断巫山云雨，高峡出平湖。神女应无恙，当惊世界殊。

毛泽东
一九五六年六月一日

Der Damm widerspiegelt sich im Stausee
Das Dreischluchtenprojekt nach dem Aufstau

Das grosse Drei-schluchten-projekt

Auf der Flussstrecke der Xiling-Schlucht von den Drei-Schluchten erhebt sich ein silberner Damm. Das ist das Drei-Schluchten-Projekt. Der Aufbau des Projekts weist eine Großtat der Menschheit bei der Änderung und Nutzung der Natur. 1919 hat Herr Dr. Sun Yat-sen, der Vorfahrer der chinesischen demokratischen Revolution, zuerst den Entwurf zur Erschließung der Wasserwirtschaft der Drei-Schluchten vorgestellt. 1956 hat Mao Zedong, der Gründer der Volksrepublik China, die bekanntesten Verse geschrieben:" Die Steinmauer ragt über dem Xi Fluss hervor, Regenwolken über Wu-Berg würden getrennt. In hohen Schluchten käme ein ruhiger See vor, Heil bleiben wird die Fee. Wundern sollte sich darüber die ganze Welt", was schon den Entwurf des Drei-Schluchten-Projekts betrifft. Am 3. 04. 1992 hat der Nationale Voldskongresses den „Beschluss zum Bau des Drei-Schluchten-Projekts" genehmigt. Am 8. 11. 1994 wurden die Bauarbeiten des Projekts begonnen. Im Juni 2003 wurden die ersten Erfolge erzielt. Da kam es zur Aufstauung, zur Inbetriebnahme der Schiffsschleusen und zur Erzeugung des Stroms von den ersten Generatoren. So haben die Drei-Schluchten eine grosse Wandlung vom Fluss zum See erlebt. 2009 werden alle Bauarbeiten beendet sein.

Das Drei-Schluchten-Projekt ist das grösste Wasserbauvorhaben der Welt. Zu Hauptbauwerken gehören der grosse Damm, das Wasserkraftwerk, Hochwasserableitungsöffnungen und Bauwerke für Schiffverkehr. Der Staudamm ist 2 335 m lang, 115 m breit am Boden, 40 m breit an der Dammkrone. Die Höhe der Staudammmauer beträgt 185 m. Zu den Bauwerken des Schiffsverkehrs gehören die fünfstufige Doppelschiffsschleuse und das Schiffshebewerk. Man bezeichnet die Schiffsschleuse als die vierte Schlucht des Yangtse. Man hat auf einer Hügel aus Gratis ein Flussbett mit Länge von 6 442 m und Tiefe von 176 m ausgehoben und dann auf diesem Flussbett eine fünfstufige Schleuse gebaut, die die meisten Schleusentreppen und die höchste Gefälle (113 m) der Welt haben. Das Schiffshebewerk wird ein Schiffsbehälter von 11 800 t haben. Im Wasserkraftwerk werden 32 Generatoren installiert. Die Kapazität jedes Generators beträgt 700 MW. Die installierte Kapazität beträgt 22 400 MW. Die Bauarbeiten des Projekts beinhalten, aushebende Erdarbeiten von 102,59 Mill. m³, ausfüllende Erdarbeiten von 31, 98 Mill. m³, einzugießende Beton von 27, 94 Mill. m³, Bewehrungsstahl von 463 000 t. und Metallkonstruktionen von 256 500 t. . Die Intensität der Bauarbeiten ist auch sehr gross. Die grösste jährliche Betonmenge erreichte mal $5.48\times10^6 m^3$, die grösste jährliche Aushebung- Menge $3\times10^7 m^3$, und die grösste Aufschüttungsmenge $2.8\times10^6 m^3$, All das stellte einen neuen Weltrekord auf.

Das Drei-Schluchten-Projekt ist das Schlüsselwasserprojekt bei der Erschließung und Kontrolle des Yangtse, das die umfassende Wirtschaftlichkeit bei Hochwasserschutz, Stromproduktion und Schifffahrtstransport besitzt. Es wird dem Volk von heute und den Generationen in der Zukunft zum Wohl dienen. Die gesamte Speicherkapazität des Stausees von den Drei-Schluchten beträgt $393\times10^8 m^3$, das ist doppelt so gross wie die vom Dongting See, der zweite grösste See Chinas. Darunter ist eine Speicherkapazität von $221.5\times10^8 m^3$ für, Hochwasser erdacht. Sie kann das Hochwasser vom Oberlauf des Yangtse zum Teil fassen und wirksam regulieren, damit es nicht mehr das Gebiet vom Mittellauf und Unterlauf bedroht. Es wird den Hochwasserschutzstandard von Jahrzehnten auf Jahrhunderte erhöhen. Früher sagte man, „Dass der Yangtse Tag und Nacht ungenutzt fliesst, bedeutet immer einen Verlust von Kohle und Erdöl". Vor der Inbetriebnahme des Kraftwerks der Drei-Schluchten wurde die reich vorhandene Wasserenergie der Drei-Schluchten nie benutzt. Die Energieproduktion des Kraftwerks der Drei-Schluchten wird über 100 GWh/Jahr erreichen. Im Vergleich mit dem Kraftwerk mit Kohle als Brennstoff könnte es über 500 Mrd. t. Kohle ersparen, 120 Mill. T. Kohlendioxid, 2 Mill. Schwefeldioxid, 10000 t. Kohlenmonoxid, 370 000 t. Nitrogenoxid und eine ganze Menge von Abwässern und Abfällen würden vermieden, was einen grossen Beitrag zur Verbesserung der Umwelt von Ostchina und Mittelchina insbesondere in Hinsicht auf Vermeiden von Sauerregen und Treibhauseffekt leisten könnte.

Diese starke billige und saubere Energie wird Tag und Nacht Kraft zum Aufbau des modernen China abgeben und dem chinesischen Volk Glück bringen.

Ein ruhiger See erscheint in den Schluchten

Das große Dreischluchtenprojekt

Liste der Sollziele vom Drei-Schluchten-Projekt

Bezeichnung	Einheit	Sollziel	Bezeichnung	Einheit	Sollziel
Stausee					
Normalwasserstand	m	175	Wasserstand zum Hochwasserschutz	m	145
Niederwasserstand	m	155	Wasserstand beim Hochwasser pro tausend Jahre	m	175
Wasserspeicherkapazität (beim Wasserstand unter 175m)	m^3	393×10^8	Wasserspeicherkapazität zum Hochwasserschutz	m^3	221.5×10^8
Regulierungsspeicherkapazität	m^3	165×10^8	Regulierungskapazität zur Niederwasserzeit	m^3	5 860
Verbesserte Schiffahrtswege	km	660	Einzugsgebiet oberhalb des Damms	km^2	100×10^4
Überflutete Fläche	km^2	632	Fläche des Stausees	km^2	1084
Hauptbauwerke und wichtige Anlagen					
Typ des Damms		Schwerkraftdamm aus Beton	Höhe der Staudammkrone	m	185
Form des Kraftwerks		Hinter dem Damm	Höhe des Staudamms	m	175
Installierte Kapazität	KW	$1\,820 \times 10^4$	Zahl der Generatoren		26
Kapazität vom unterirdischen Kraftwerk am Rechtsufer	KW	420×10^4	Zahl der Generatoren		6
Kapazität der Einzelmaschine	KW	70×10^4	Energieproduktion	kw.h	847×10^8
Schiffsschleuse		5-stufige Doppelschleuse	Dimension des Schiffstrogs	m x m x m	280x34x5
Schiffshebewerk		Einbahn und Einstufe	Dimension der Schiffsträgeplatte	m x m x m	120x18x3.5
Überflutete Fläche					
Überflutete Felder	hm^2	2.10×10^4	Überflutete Orangenplantage	hm^2	0.73×10^4
Bevölkerungszahl in der überfluteten Region		84.62×10^4	umgesiedelte Einwohner		113×10^4
Bauarbeiten des Projekts					
Aushebende Erdarbeiten	m^3	$10\,259 \times 10^4$	Aufschüttende Erdarbeiten	m^3	$2\,933 \times 10^4$
Betongussarbeiten	m^3	2715×10^4	Stahlstab	t	35.43×10^4
Metallkonstruktionsarbeiten	Tonn.	28.08×10^4	Gesamte Bauzeit	Jahr	17

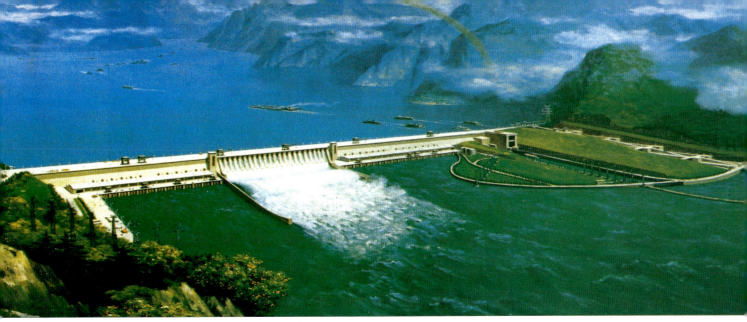

Das Vorstellungsbild vom Dreischluchtenprojekt

Vergleich zwischen den größten Wasserkraftwerken der Welt und dem Drei-Schluchten-Wasserprojekt

Staat	Namen des Wasserkraftwerks	Fluss	Installierte Kapazität $\times 10^4$ kw	Energieproduktion $\times 10^8$ kw.h	Die größte Gefälle m.	Beginn der Energieproduktion
China	Drei-Schluchten	Yangtse	1 820	847	113	2003
Brasilien-Paraguay	Itaipu	Parana	1260	710	123	1984
die USA	Grand Coulee	Columbia	1083	203	108	1942
Venezuela	Guri	Coroni	1030	510	146	1968
Brasilien	Tucurui	Tocantins	800	324	68	1984
Russland	Sajanoschuschensko	Jenissej	640	237	220	1978
Russland	Krasnojarsk	Jenissej	600	204	100.5	1968
Canada	La Grand II	LaGrande	533	358	143	1979
Canada	Churchill Fall	Churchill	523	345	322	1971

Die Lage des Dammes

Es wurde entschieden, dass der Damm in Sandouping von Yichang in der Provinz Hubei liegen sollte. Der Staudamm hat ein Einzugsgebiet von 1 000 000 km² und eine jährliche Strommenge von $4\,510\times10^8 m^3$.

Die Lage des Drei-Schluchten-Projekts gehört zu den günstigsten auf der Welt für den Bau eines Wasserkraftwerkes. Das Boden vom Drei-Schluchten-Gebiet besteht fast nur aus Sedimentgestein. Nur in Sandouping, wo jetzt der Damm steht, liegt unterirdisch ein Granitgestein mit einer Länge von 70 km und einer Breite von 30 km, das von Experten der Geologie als „bester Gründungsgesten für das Drei-Schluchten-Projekt vorher ermittelt wurde".

An Sandouping ist der Flusstal sehr breit, was die periodisch durchführenden Bauarbeiten erleichtern konnte. Sehr vorteilhaft lag hier mitten im Fluss eine kleine Insel: die Zhongbaodao-Insel. Sie teilte den Yangtse natürlichweise in einen 900 m und einen 300 m breiten kleinen Fluss. Der Schutzdamm wurde wie senkrecht in den Fluss zur Insel gelegt. Der Bau des Projekts hat die günstige topographische Lage voll ausgenutzt, was nicht nur die Bauarbeiten stark erleichtert und viel Geldmittel erspart hat.

Der Grund der Bauwerke des Projekts besteht aus einem vollständigen harten Granitgestein. Die Druckfestigkeit des Gesteins beträgt circa 100 Mb. Innerhalb der Gesteins gibt es

kaum Bruchschichten und Spalten. Es zeichnet sich durch gute Haftfestigkeit und wenig Wasserdurchlässigkeit aus und bietet die perfekten geologischen Bedingungen für den Bau eines hohen Staudamms aus Beton. Es gibt eine etwa 20 – 40 m dicke Verwitterungsschicht an den Gesteinen der beiden Seiten des Flusses, aber kaum eine im Flussbett. Innerhalb des Gebiets von 15 km von oberhalb und unterhalb des Staudammes gibt es keine nachteilige schlechte geologische Situation. Das Gebiet des Damms und des Stausees gehört zu den von dem Erdbeben weniger bedrohten Zonen, es ist hier nur selten mit kleinen Erdbeben zu rechnen. Nach mehrmaligen Untersuchungen der zuständigen Institutionen des Staats sei die Grundstärke des Erdbebens auf VI ermittelt die Hauptgebäude des Projekts werden

Zhongbaotao Insel, Dammsitz des Wasserbauprojekts der Drei Schluchten, besteht aus dem harten Granit, was als der beste Dammbausitz für Bau eines hohen Damms bezeichnet ist.

beim Erdbeben bis Stärke VII stabil sein.

Unterhalb des Staudamms gibt es noch eine 38 km lange Flussstrecke im Schluchtental. Um die Wirtschaftlichkeit des Projekts beim Hochwasserschutz, Energieerzeugung und Schifffahrtsverkehr voll zu benutzten, hat man das Gezhouba-Wasserprojekt gebaut. Der Verlust der Wirtschaftlichkeit des Drei Schluchtendammes bei der Energieerzeugung und der Wasserwegtransport wird vom Gezhouba- Wasserprojekt ausgeglichen.

Die Bedingungen für Verkehr nach draussen vom Drei-Schluchten-Projekt sind relativ gut. Mit der Bahn ist Yichang gut angebunden. Mit dem Schiff kann man die Baustelle vom Projekt direkt erreichen. Mit dem Beginn der Bauarbeiten hat man eine 26 km lange quasi-erstklassige Strasse und eine 4000 m lange Brücke über den Yangtse – die Xiling-Brücke über den Yangtse gebaut. Im Oktober 1996 wurden sie für den Verkehr freigegeben. Es sind auch einige Anlegeplätze auf der Baustelle gebaut worden.

Die Graphik der geographischen Lage der Drei Schluchten des Yangtse

Der Tianzhu Berg Tunnel

Die grosse Xiling Brücke
über den Yangtse

Die Liantuo Brücke

Die Strasse für das Dreischluchtenprojekt

Die Spezialstrasse für Dreischlcuhtenprojekt wurde 1994 errichtet und im Oktober 1996 zum Verkehr frei gegeben. Deren einseitige Gesamtlänge beträgt 28,6 km, wobei 40% von Brücken und Tunnel ausgemacht sind. Darunter sind 34 Brücken, 5 doppeltunnelige Tunnel. Selbst der Muzuchao Tunnel ist einseitig schon 3610 Meter lang.

Man kann diese Strasse als ein Museum für den chinesichen Brücken- und Tunnelbau bezeichnen.

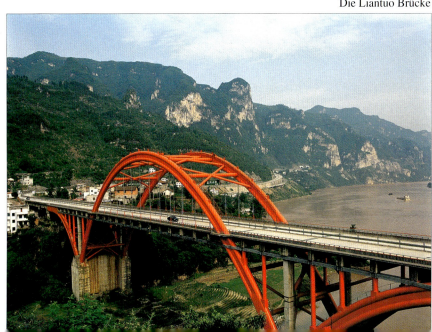

Die Gestaltung des Projekts

Hauptwerke des Drei-Schluchten-Projekts bestehen aus dem Staudamm, den Kraftwerken und den Bauwerken für die Schifffahrt. So sieht die Gesamtplanung aus:

Der Staudamm ist ein Schwerkraftdamm(Gewichtsmauer) aus Beton mit einer Länge von 2335 m.. Die Gründung des Damms ist 115 m breit. Die Höhe der Dammmauer beträgt von der Gründung 185 m. Der Dammabschnitt für den Hochwasserablauf liegt in der Mitte des Flusses mit einer Länge 485 m.. Darin sind 22 Überlauföffnungen und 23 Grundablassöffnungen, die je eine Größe von 7 x 9 m haben. Die Höhe der Einlaufsöffnung liegt 90 m über dem Dammfuß, die Breiten der Ablassöffnung betragen 8 m.. Die grösste Hochwasserablasskapazität liege bei 102 500 m^3/s , so dass das Projekt das möglichst grösste Hochwasser abführen kann.

Die Wasserkraftwerke liegen beidseitig der Hochwasserentlastungsanlage an der Luftseite des Damms. 14 Generatoren sind im Kraftwerk auf der linken Seite, 12 auf der rechten Seite angeordnet Man hat Francis-Turbine dafür gewählt. Deren Sollkapazität beträgt je 700MW. Neben diesen Kraftwerken vor dem Damm werden weitere 6 Aggregate gleicher Leistung im Berg des rechten Ufers installiert. So verfügt das Drei-Schluchten-Kraftwerk über insgesamt 32 Generatoren.

Zu den Bauwerken für Schiffsverkehr gehört die fünfstufige Doppelschleuse, das Schiffshebewerk und Schifffahrtswege auf dem Ober- und Unterlauf, die im Bereich des Hügels am linken Ufer errichtet sind. Die fünfstufige Doppelschleuse ist die einzige Schiffsschleuse auf der Welt, die die meisten Schleusentreppen und die höchste Gefällestufe hat. Sie ist auch die grösste und technisch komplizierteste Schiffsschleuse. Jeder Schiffstrog hat eine Nutzdimension von 280 x 34 x 5m (Länge x Breite x die kleinste Tiefe beim Schleuseschließen) , damit ist eine Frachtflotte mit 10 000 t. -Schiffen heb- bzw. absenkbar.

Das Schiffshebewerk liegt zwischen dem Kraftwerk und der fünfstufigen Doppelschleuse. Das Werk ist einbahnartig und arbeitet auf einstufige Hebweise. Die Schiffsträgerplatte hat eine Nutzdimension von 120 x 18 x 3,5 m und kann auf einmal ein 3000 t schweres Schiff heben. Die Schiffträgerplatte könnte beim Betrieb insgesamt 11 800 Tonnen schwer sein und bis zur Höhe von 113 m heben. Das wird auch das grösste und technisch schwierigste Schiffshebewerk der Welt.

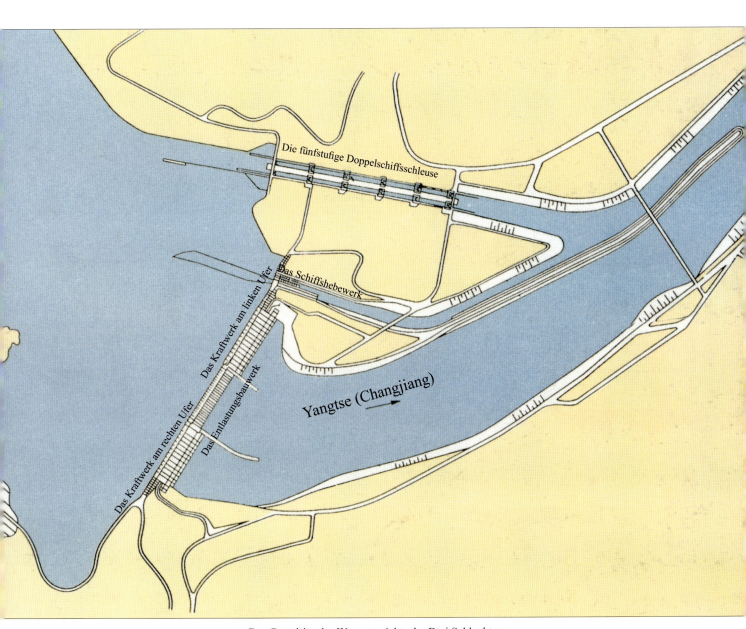

Der Grundriss des Wasserprojekts der Drei Schluchten

Das grösste Wasserbauprojekt der Welt

Bauarbeiten des Projektes

Das Dreischluchtenprojekt wird nach dem Grundwurf von „einer einstufigen Erschliessung , einem einmaligen Errichtung, einem zweiperiodischen Aufbau und einer kontinuierlichen Umsiedlung" durchgeführt. Die Bauarbeiten werden in drei Phasen geteilt und dauern insgesamt 17 Jahre.

Das ürspruchische Bild vom Wasserbauprojekt

Die erste Phase

Die erste Phase: Mit dem Beginn der Bauarbeiten im Jahre 1993 wurde zuerst die Zhongbao-Insel durch Deich mit dem rechten Ufer des Yangtse verbunden. Somit konnte die Sohle des Altarms baufrei gemacht werden. Dann wurde Erde bis zu Granit ausgehoben und ein Schiffahrt- und Überfallkanal aus Beton gebaut. Nach der Fertigstellung des Kanals und der vorläufigen Schleuse wurde der Schutzdamm der ersten Phase abgerissen. Am 8. 11. 1997 wurde der Hauptstrom des Yangtse erfolgreich gesperrt.

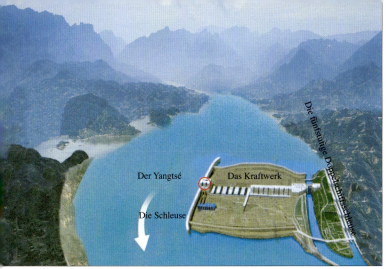

Die zweite Phase

Die dritte Phase

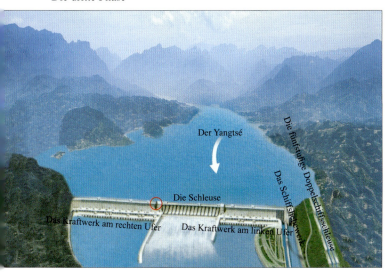

Die zweite Phase: 1998 begann man mit dem Bau der Schutzdeiche aus Erde und Stein der zweiten Phase, mit dem Bau des Dammabschnittes für den Hochwasserüberfall, es des Schwerkraftdamms aus Beton und des Kraftwerks an der linken Seite. Dann wurden Bauwerke des Wasserkraftwerkes errichtet und die ersten Wasserturbinengeneratoren installiert. Dabei wurde auch die Schiffsschleuse an dem linken Ufer gebaut. Während der Bauzeit der zweiten Bauphase fuhren alle Schiffe durch das Ableitungskanal und die vorläufige Schleuse. Anfang konnte man erst schon das imposante Bild des Staudamms sehen. Am 1. 6. 2003 wurden Schleuse und Öffnungen zur Aufstauung geschlossen. Am 16 Juni ist die Probefahrt durch die fünfstufige Doppelschleuse gelungen. Am 24. Juni erzeugte der Generator Nummer 2 als der erste Generator des Projekts Strom. in das Hauptstromnetz Mittelchinas.

Die dritte Phase: die Bauarbeiten der dritten Phase werden zwischen 2004 – 2009 durchgeführt. Am Ende 2004 wurde der 1600 m lange Damm der linken Seite schon fertig gebaut. Der im Bau befindende Damm der rechten Seite hat die Höhe von 105 m erreicht. 2006 wird der ganze Staudamm mit der Länge von 2309 m bis zu seiner Sollhöhe von 185 m gebaut. 12 Generatoren im Kraftwerk der rechten Seite und 6 Generatoren im Hügel werden während dieser Bauphase installiert. 2009 werden die ganzen Bauarbeiten beendet sein.

2008.12

Das Drei Schluchtenprojekt im Bau

Die rote Fahne auf der Dammkrone

Das Drei Schluchtenprojekt im Bau

Das Drei Schluchtenprojekt im Bau
◀

Das Drei Schluchtenprojekt im Bau

Der schlaflose Bauplatz in der Nacht

Bauarbeiten an der Sohle

Die Sperrung des Yangtse des Wasserprojets

Der Ableitungskanal mit einer Länge von 3700 m und einer Breite von 350 m dient in der zweiten Bauphase als Schifffahrsweg und Hochwasserüberlauf. Am 6. 11. 2002 wurde der Kanal gesperrt. Auf dessen Grundfläche wird das Kraftewerk des rechten Ufers gebaut.

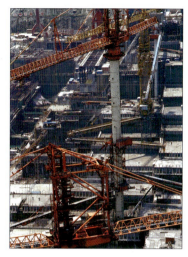

Das Drei Schluchtenprojekt im Bau

Der Bauplatz in der Nacht

Hochwasserschutz

Hochwasserschutz gehört immer zu den Hauptzielen des Drei-Schluchten-Projekts. Der Niederschläge aus dem Einzugsgebiet des Yangtse ist durch Monsunklima gekennzeichnet. In der Hochwasserzeit von Juni bis September macht die Abflussmenge 70-75% von der des ganzen Jahres aus. Dem historischen Protokoll nach geschahen vom dritten Jahr der Han Kaiserzeit (185 v. Cr.) bis zum Ende der Qing Dynastie (1911) innerhalb von 2096 Jahren 214 Hochwasserkatastrophen jeder Art, d. h. alle zehn Jahre einmal. Aber in der modernen Zeit sind schon 11 grössere Überschwemmungen seit 1921 passiert, alle sechs Jahr einmal. Dabei werden 1,5 Mill. ha. Felder auf dem Gebiet von Tongtinghu und der Jianghan-Ebene, Leben und Reichtum von 15 Mill. Einwohnern und die Sicherheit der Bahn Beijing-Kanton und der Bahn Beijing-HongKong durch diese häufig wieder heimsuchenden Überschwemmungen bedroht.

Es gibt drei Ursachen, die zu Hochwasser vom Mittellauf und Unterlauf des Yangtse führen: 1. das Hochwasser vom ganzen Einzugsgebiet; 2. das Hochwsser vom Oberlauf des Yangtse, das von den dauerhaften Regenbrüchen auf dem Gebieten von Nebenflüssen des Yangtse wie: Jingshajiang, Ming-Jiang, Jialing-Jiang, und Wu-Jiang, so wie im Bereich von Drei- Schluchten verursacht wird. 3. das Hochwasser vom Mittellauf und Unterlauf. Nach der Unterlagen der langjährigen Messung wird bewiesen, dass das Hochwasser vom Oberlauf des Yangtse, d. h. oberhalb von Yichang, einen grossen Teil des Hochwassers des Mittellaufes und des Unterlaufes ausmacht, egal, ob es sich um irgendeine Art vom Hochwasser handelt.

Das Drei-Schluchten-Projekt ist das Schlüsselbauprojekt im Hochwasserschutzsystem des Mittel- und Unterlaufes. Der Normalwasserstand des Stausees liegt bei 175 m. Da beträgt die Speicherkapazität des Stausees 39,3 Mrd. m³. Vor jeder Hochwasserzeit kann das Drei-Schluchten-Projekt den Wasserstand vom Normalwasserstand von 175 m auf den Wasserstand für Hochwasserschutz von 145 m absenken, so dass eine Speicherkapazität von 22,15 Mrd. m³ freigegeben wird, damit das Hochwasser vom Oberlauf des Yangtse, das wegen der Sicherheit des Mittel- und Unterlaufes nicht übergeleitet wird, sondern gespeichert wird Dadurch wird der Spitzenwert des Hochwassers nach der Überschreitung des Damms um 30% vermindert, so dass das nach unten abgeleitetes Hochwasser wirksam kontrolliert wird.

Durch Regulierung und Aufnahme des Drei-Schluchten-Stausees würde der Hochwasserschutzstandard von Jahrzehnten auf ein Jahrhundert erhöht werden. Wenn das tausendjährige Hochwasser wie das grösste Katastrophenhochwasser von 1870 vorkommen würde, könnte der Drei-Schluchten-Stausee in Zusammenarbeit mit der Jingjiang-Flutableitungszone und mit anderen Projekten die vernichtende Katastrophe wie Deichsbruch an den beiden Ufern des Jingjiang vom Yangtse vermeiden. Damit könnte auch Verlust im Bereich des Mittel- und Unterlaufes des Yangtse und Hochwassergefahr für die Stadt Wuhan verringert werden. Daher könnten auch Umweltgefährdung und Verbreitung mancher ansteckenden Krankheiten wie Schistisoma so wie andere Sozialprobleme durch Überflutung und Flutableitung vermieden werden. Da könnten die Zuverlässigkeit und die Flexibilität bei der Hochwasserkontrolle des Mittel- und Unterlaufes verbessert und gute Bedingungen für Regulierung des Gebiets vom Tongtinghu-See geschaffen werden.

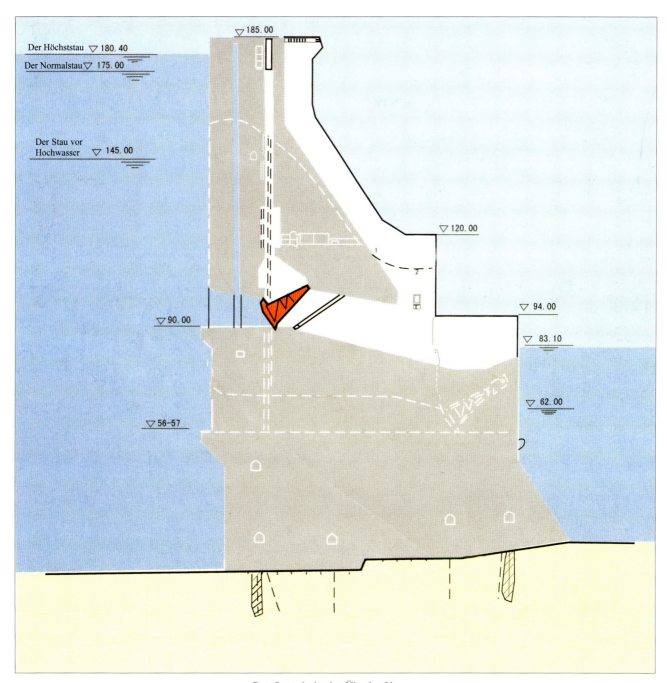

Der Queschnitt des Überlaufdamms

Hochwasserablauf

Stromproduktion

Das Drei-Schluchten-Wasserkraftwerk wird das gegenwärtig größte Wasserkraftwerk auf der Welt. Die Werkhallen der Kraftwerke steht vor dem Damm. Das Kraftwerk ist geteilt auf den beiden Seiten des Staudamms gelegt und hat eine Gesamtlänge von 1210 m. Die Werkhalle an der linken Seite ist 643 m lang und hat 14 Generatoren installiert, die Werkhalle an der rechten Seite 576 m, hat 12 Generatoren, insgesamt werden 26 Generatoren installiert. Jede Maschine hat eine Leistung von 700 MW, deren gesamte Kapazität 182 000 MW ausmacht. Jährlich kann das Kraftwerk 84,7 GWh erzeugen, so viel Energie wie 6 Gezhouba-Wasserkraftwrke oder 10 Dayawan-Atomkraftwerke.

In dem Berg an dem rechten Ufer werden unterirdisch 6 Generatoren installiert, die Kapazität der Einzelmaschine beträgt 700 MW, die gesamte Kapazität 4200 MW. Die Einlauföffnungen werden gleichzeitig mit dem Projekt fertig gebaut. Die Kapazität dieses unterirdischen Kraftwerkblockes wird so gross wie 1,5 Gezhouba-Wasserkraftwerk sein. Im Drei-Schluchten-Wasserkraftwerk werden dann 32 Generatoren Strom erzeugen. Die Einzelmaschine gehört zu den grössten Aggregaten der Welt. Wegen der Bedarf beim Hochwasserschutz und Schlammableitung sollte der Drei-Schluchten-Stausee den Wasserpegel vor der Hochwasserzeit vom Normalstand von 175 m. auf den Wasserstand für den Hochwasserschutz auf 145 m absenken. So muss die Wasserabfälle der Einlaufsöffnungen im Zusammenhang von dem Wasserstand des Unterlaufes geändert werden. Die maximale Änderung kann 52 m sein. Da die Generatoren unter solchen Bedingungen arbeiten müssen, werden bei der Entwicklung, Anfertigung und Inbetriebnahme höhere Ansprüche als im Allgemeinen an so große Generatoren auf der Welt gestellt.

In Hinsicht auf Umweltschutz würden etwa 500 Mrd. t. Kohle bei der Stromproduktion von 100 GWh verbrannt. d. h. Das Drei-Schluchten-Projekt kann jedes Jahr 500 Mrd. t. Kohle einsparen. Es würden auch 120 Mill. t. Kohlendioxid, 2 Mill. t. Schwefeldioxid, 10000 t. Kohlenmonoxid, 370 000 t. Nitrogenoxid und eine ganze Menge von Abwässern und Abfällen vermieden, so dass das Drei-Schluchten-Projekt ununterbrochen saubere Energie liefert.

Das Stromzuleitungs- und Umspannungsprojekt von Drei-Schluchten ist ein wichtiger Bestandteil des Drei-Schluchten-Projekts. Das Drei-Schluchten-Projekt liegt in der Mitte Chinas, es ist 500 – 1000 km von dem Zentrum der Kraftstromverbraucher in Nord-, Ost-, Mittel-, und Südchina sowie in Ost-Sichuan entfernt. D. h. , sie liegen in der Reichweite der wirtschaftlichen Stromzuleitung. Die Energie vom Drei-Schluchten-Projekt wird mit 15 Freileitungen von 500 kV verschiedenen Regionen Chinas zugeleitet.

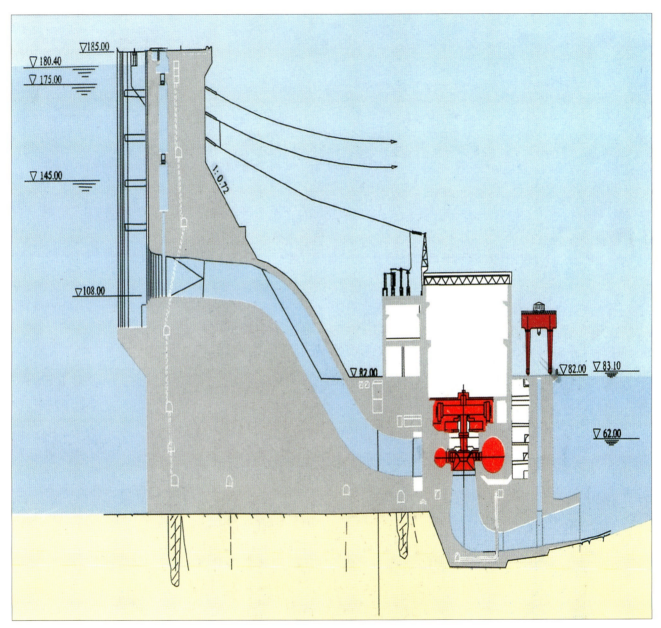

Aufrissdarstellung des Dammabschnitts vom Wasserkrafthaus

Installation des Generators

Installation des Spiralegehäuses

Ankunft des gigantischen Turbinenrotors an der Baustelle des Dreischluchtenprojekts per Schiff

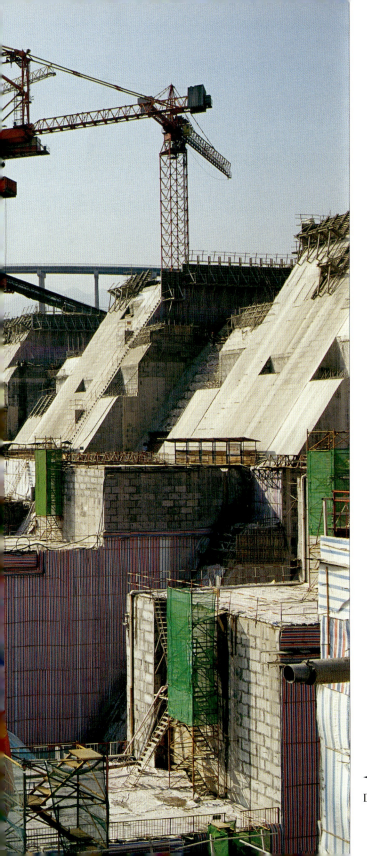

Einleitung für Generator des Kraftwerkes

Installation des Spiralgehäuses

◄

Der Bauplatz der dritten Bauphase

Der zentrale Kontrollraum vom Krafthaus

◀

Das Krafthaus an dem linken Ufer

61

Ableitung des Stroms

Ableitung des Stroms

Schiffstransport

Der Yangtse wurde vor dem Aufstau im Rahmendes Projekts im Vergleich zu anderen Strömen der Welt als „Goldene Wasserstraße" genannt.

Vor dem Aufstau befinden sich die imposanten und schroffen drei Schluchten in der 660 km langen Laufstrecke zwischen Chongqing und Yichang - dem Yangtse-Flussabschnitt in Sichuan. Die Strömung ist hier reißend. 139 Stellen mit hohen Fliesgeschwindigkeiten und Untiefen, 25 Treidelsstationen, 46 Orte mit Einschifffahrtswegen und einige Orte, die die Nachtfahrt nicht erlaubt, erschweren die Schifffahrt. Von alters her ist der Gedichtsatz „Der Weg nach Sichuan ist schwerer als der in den Himmel." bekannt. Der bezog sich auch auf die Schifffahrt nach Sichuan. 1981 erhöht sich der Wasserstand nach dem Aufstau des Gezhouba-Staudamms um über 20 Meter, was 100 km lange Flussstrecke betraf und mehr als 30 Untiefen unter Wasser setzte. Aber ein 550 km langer Abschnitt in Sichuan blieb unberührt. Damals konnten nur Schiffe unter 1,000 Tonnen den Sichuan-Abschnitt passieren. Am Mittellauf konnten auch nur Schiffe unter 1,000 Tonnen den Jingjiang-Abschnitt während der Niederwassersperiode wegen geringer Abflussmenge und geringer Wassertiefe durchfahren. Das wird dem Ruf des Yangtse als „goldene Wasserstrasse" nicht gerecht.

Die Verbesserung der Schiffahrtsbedingungen auf dem Yangtse gilt als eines der Ziele des Projekts. Der Aufstau führt zur Entstehung eines 660 km langen, durchschnittlich 1,1 km breiten, insgesamt 1084 km^2 großen Stausees. Die Leistungsfähigkeit des Transports im Sichuan-Abschnitt wird sich auf 2,72-5,44T/kW erhöhen. Der Energieaufwand gegen den Strom fahrender Schiffe verringert sich 30 fach. Im Hinblick auf geringere Fließgeschwindigkeit, erlaubte Nachtfahrt im ganzen Abschnitt, und durch die damit verkürzte Schifffahrtszeit sinken die Schifffahrtskosten um 35% bis 37%. Schiffe von 10,000 Tonnen werden von Shanghai direkt Chonqing anfahren können. Die Schifffahrt auf dem Yangtse wird sich gründlich verbessern. Durch die Regulierung des Drei-Schluchten-Stausees wird die minimale Durchflußmenge unterhalb von Yichang während der Niederwasserperiode von 3000 m^3/s auf 5000 m^3/s steigen, was führt zur Verbesserung der Schiffahrtsbedingungen des Mittellaufs während der Niederwasserperiode und schließlich dazu, dass der Yangtse dem Ruf „Goldene Wasserstraße" wirklich gerecht ist.

Die Schleusenbauwerke des Projekts dient zur Lösung, wie Schiffe den Staudamm passieren können. Der maximale Wasserstand oberhalb des Staudamms liegt bei 175 Meter, während der minimale Wasserstand unterhalb des Damms 62 Meter beträgt. Die Differenz zwischen den beiden beträgt 113 m. Die permanenten Schleusen des Projekts bestehen aus 5 Stufen, um die Differenz von 113 m zu beseitigen. Auf jeder Linie setzen sich die Schleusen aus 5 Schleusenräumen, Einlaßsystem, Ableitungssystem und Schleusentoren zusammen. Bei der Funktion sind das jeweilige Einlaßsystem jeder Schleuse und der Oberlauf aneinander angeschlossen, um den Strom vom Oberlauf in die Schleusenkammer zu führen, und den Wasserstand in der Schleusenkammer auf den Wasserstand des Oberlaufs zu steigern; während das jeweilige Ableitungssystemen jeder Schleuse und deren Unterlauf miteinander verbunden sind, um den Wasserstrom in den Schleusenkammer in den Unterlauf zu leiten, und den Wasserstand in dem Schleusenkammer auf den Wasserstand des Unterlaufs zu senken. Damit können Schiffe bei der Erhöhung und Senkung des Wasserstands in den Schleusenkammern ruhig gehoben und gesenkt werden und zwischen dem Oberlauf und dem Unterlauf des Damms fahren. Die Durchfahrt durch die fünfstufige Schleuse dauert insgesamt 160 Minuten. Um den Staudamm rascher zu passieren, wird das vertikale Schiffshebewerk zur Verfügung gestellt werden, das wie ein großer Lift auf dem Yangtse einmal innerhalb von 30 Minuten maximal um 113 Meter ein 3000 Tonnen schweres Fracht- oder Passagierschiff heben und senken wird. Damit zählt dieses Schiffshebewerk zum größten und kompliziertesten Schiffshebewerken auf der Welt.

Die fünfstufigen Doppelschleuse

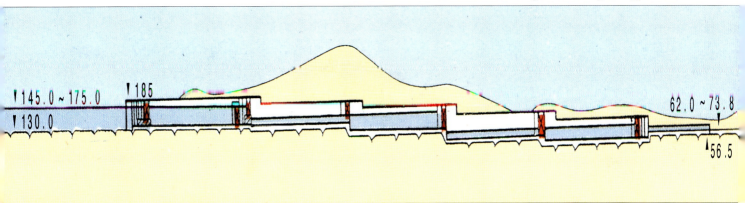

Die Aufrisdarstellung der fünfstufigen Doppelschleuse

Die fünfstufigen Doppelschleuse

Der 660 km lange Wasserweg zwischen Yichang und Chongqing ist nach der Aufstauung des Drei-Schluchten-Projekts schon ein goldener Wasserweg geworden.

Um den Staudamm rasch zu passieren, wird das vertikale Schiffhebewerk zur Verfügung gestellt werden, das wie ein großer Lift auf dem Yangtse einmal innerhalb von 30 Minuten maximal um 113 Meter ein 3000 Tonnen schweres Frach- oder Passagierschiff heben und senken wird. Damit zählt dieses Schiffhebewerk zum größten und kompliziertesten Schiffhebewerk auf der Welt.

Aufrissdarstellung des Schiffhebewerks

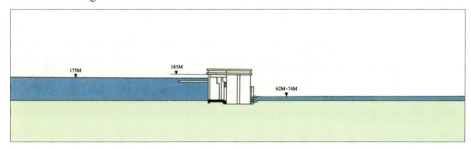

Das Schiffshebewerk

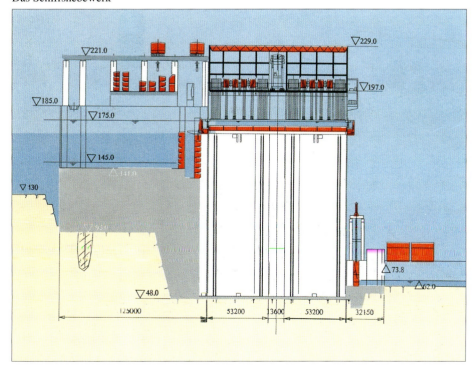

Umsiedlung der Millionen Einwohner

Die Anzahl der Umsiedler des Drei-Schluchten-Projekts ist groß. Die Aufgabe ist schwer. Die Ansiedlung der Umsiedler ist eine viel schwerere Aufgabe als das Projekt und gilt als Schlüssel des Projekts.

Der Drei-Schluchten-Stausee überflutet in der Zukunft 632 km^2 großes Gebiet, das 20 Kreise (Städte) der Provinz Hubei und der regierungunmittelbaren Stadt Chongqing einschließt. Vom Oktober 1991 bis zum Juni 1992 hat die Yangtse-Kommission mit den Provinzen Sichuan und Hubei sowie den Volksregierungen aller Stufen des Einzugsgebiets aufgrund des zukünftigen Fassungsvermögens des Stausees die Überschwemmungsgrenze festgelegt und alle Dörfer und Haushalte vor Ort untersucht, vermessen und zusammengezählt. Der Stau des Drei-Schluchten-Stausees betrifft 2 Städte, 11 Kreise, 116 Bezirke und 1599 Unternehmen (darunter 6 große und 26 mittelgroße Unternehmen). Sie werden überflutet oder von der Überschwemmung beeinträchtigt. Insgesamt 24,500 Hektar großes Ackerland liegt unter der Überschwemmungslinie (darunter 17,200 Hektar Ackerland, 7,400 Hektar Gartenland); 824,25 km lange Straßen, Kraftwerke mit 92,200 kW werden unter Wasser gesetzt. Die Gesamtfläche der Häuser innerhalb des Überschwemmungsgebiets beträgt 34,596,00 m^2; die Bevölkerung 844,100 (darunter landwirtschaftliche Bevölkerung 361,500). Im Hinblick auf den Bevölkerungszuwachs während des Aufbaus und die Wiederumsiedlung beziffert sich die anzusiedelnden Einwohner des Stauseegebiets auf 1,13 Million.

Um die reibungslose Durchführung der Umsiedlung zu garantieren, hat der Staat den Umsiedlungsfond genehmigt, der 45% der Gesamtinvestition ausmacht. "Der offiziell genehmigte staatliche Haushalt (am Ende Mai 1993, ausschliesslich der Preissteigerung und der Kreditzinsen des Projekts) beträgt 90,09 Mrd. Yuan. Davon werden 50,09 Mrd. Yuan ins Schlüsselprojekt investiert. 40 Mrd. Yuan entfallen auf die Behandlung der Überschwemmung des Reservoirs und die Umsiedlung." Ausserdem wird festgelegt, dass sich der Aufbausfonds des Einzugsgebiets nach der Fertigstellung des Drei-Schluchten-Projekts vom Profit des Kraftwerks abziehen lassen, um die Wirtschaft dieses Gebiets weiterhin zu entwickeln.

Die Leitlinie entwicklungsorientierter Umsiedlung gilt als die wichtigste von einer Reihe von der Staatsregierung festgelegten Richtlinien. Nach dieser Leitlinie soll die Umsiedlung einerseits für die Kompensation der Entschädigungen, anderseits für das Leben der Betroffenen nach der Umsiedlung sorgen. Die betroffenen Haushalte dürfen nach der Umsiedlung wirtschaftlich nicht schlechter stehen als vorher. Darüber hinaus soll für Verbesserung des Lebens in der Zukunft günstige Bedingungen geschaffen werden. Das bildet die Grundgarantie für die reibungslose Umsiedlung des Drei-Schluchten-Projekts.

Umzug der Kreisstadt Zigui

Der erste Kreis über dem Staudamm

Nächtlicher Anblick von Chongqing

Die Überflutungsfläche des Dreischluchten- Stausees brträgt 632 km². Betroffen sind 20 Kreise und Stadtgemeinden von Chongqing und der Hubei Provinz

Die Metropole der Wasserenergie -- Yichang

Abriss der Shuanlong Gemeinde von Wushan

Mitnahme eines Topfes mit Erde von der Heimat

◄ Umzug eines alten Wohnhauses in der Xiling Schlucht

Sedimentation

Was Sedimentation (Ablagerung) betrifft, bleibt immer ein Problem beim Betrieb vom Stausee auf der Welt. So macht das Drei-Schluchten-Projekt auch keine Ausnahme. Der Yangtse ist ein schlammreicher Fluss. Vor dem Bau des Drei-Schluchten-Projekt hat man an Yichang die durchschnittliche Sedimentsbelastung von 1,19 kg/m³ seit Jahren festgestellt. Die durchschnittliche Sedimentationsmenge in den Stausee der Drei-Schluchten kann 530 Mill. t. erreichen. Wenn man das Problem der Sedimenten nicht lösen könnte, würde Nutzung der Wirtschaftlichkeit des Saudamms verhindert und könnten die Nutzjahre des Stausees verkürzt werden. Auch würde der Schiffstransport des goldenen Flussweges vom Yangtse mit Zeit beeinträchtigt.

Man wird mit einer Methode „klares Wasser speichern und trübes Wasser ablassen" das Problem der Sedimentation lösen. Der Drei-Schluchten-Stausee hat eine Länge von 600 km und eine durchschnittliche Breite von 1,1 km, und ist ein Stausee von einer Flussbett-Art. Am Drei-Schluchten-Damm werden 23 Grundabläufe mit einer grossen Dimension von 7 x 9 m in einer niedrigen Höhe (90 m) gelegt. In der Hochwasserzeit wird der Wasserstand auf 145 m festgehalten. (Wasserstand zur Hochwasseraufnahme) So wird es sehr günstig für die Anwendung der Betriebsmethode „klares Wasser speichern und trübes Wasser ablassen". In Hochwassermonaten von Juni bis September macht die Wassermenge vom Oberlauf des Yangtse 61% von der des ganzen Jahres aus, die Sedimention aber 84% von der des ganzen Jahres. Da der Wasserstand auf 145 m (Wasserstand für Hochwasserschutz) zu dieser Zeit gesunken ist, können ganze Menge Sediment durch Grundabläufe aus dem Stausee abgeleitet werden, d. h. trübes Wasser ablassen. Am Ende der Hochwasserzeit (Oktober) wird der Wasserstand wieder auf 175m (Normalwasserstand) eingestellt, weil das Wasser weniger Sand enthält. d. h. „klares Wasser speichern". Mit der Durchführung dieser Methode wird der größte Teil der Sedimente vom Oberlauf des Yangtse abgeleitet. So wird der Drei-Schluchten-Stausee nichts abgelagert, und es kann kein großer Sandstrand entstehen, so dass die Speicherkapazität des Stausees für lange Zeit erhalten bleibt. Nach der Rechnung mit einer mathematischen Modell von der Sedimention im Stausee stellt man fest, dass sich ein Gleichgewicht zwischen Ablagerung und Ausspülung herstellen wird und der Stausee dann noch 80% seines ursprünglichen Fassungsvermögens nach dem Betrieb in 80 – 100 Jahren behält.

An den Nebenflüssen des Yangtse werden eine Mehrzahl von großen bis megagroßen Stauseen gebaut. Die Errichtung solcher Stausee, das Projekt des Bodenschutzes am Oben- und Mittellaufes des Yangtze und der Anbau des Schutzwaldes am Yangtse werden zur Verminderung der Sedimention im Drei-Schluchten-See einen großen Beitrag leisten.

Von Juni bis September wird das in den Stausee geleitete Schwemmgut mittels dem Hochwasser in den Unterlauf abgeführt

Ableitung von Sand

Gefahr des Krieges

Immerhin ist das Drei-Schluchten-Projekt ein Stausee mit 39,3 Mrd. m³ Wasser. Was würde passieren, wenn der Stausee durch einen Unfall oder eine Katastrophe zerstört würde? Könnte es zu einer Hochwasserkatastrophe am Unterlauf des Flusses kommen, wenn der Damm im Krieg gebrochen würde? Welche Vorkehrung gegen die Kriegsgefahr man beim Drei-Schluchten-Projekt gemacht hat, ist immer eine von allen interessierte Frage.

1. Das Drei-Schluchten-Projekt verfügt über die grössten Abläufe der Welt. Falls das grösste Hochwasser vom Oberlauf des Yangtse kommt und die beiden Ufer des Oberlaufes zu gefährden droht, oder der Staudamm zum Ziel vom Bomber eines feindlichen Staates würde, könnten alle Schleusen und Öffnungen aufgemacht werden, so dass der Wasserstand des Stausees vom hohen Normalstand auf den niedrigen sicheren Wasserstand gesenkt werden könnte.

2. China ist ein Frieden liebender Staat und kann alle friedlichen Kräfte in der Welt solidarisieren, um einen Krieg zu vermeiden.

3. Der Beginn eines Krieges hat meistens viel Anzeichen. Falls der Krieg ausbrechen würde, könnte man den Betrieb des Stausees auf den Krieg einstellen. Im extremen Fall könnte man den Stausee leer machen, damit das Wasserkraftwerk mit dem durchfliessenden Wasserlauf getrieben wird. So wird für den feindlichen Staat Möglichkeit einer Wasserkatastrophe durch Zerstörung eines großen Stauwerkes uninteressant.

4. Der Drei-Schluchten-Damm ist ein fester Schwerkraftdamm aus Stahlbeton und kann den Angriff durch konventionelle Waffen aushalten. Bei der Entwicklung des Projekts hat man nach dem Prinzip des Zusammenschlusses der Frieden- und Kriegszeit schon ein paar bautechnische Maßnahmen gegen Explosion und Zerstörung getroffen.

5. Für den Fall, dass der Staudamm bei dem Angriff der Atomwaffe im extremen Fall gebrochen würde, haben das Ministerium für Wasserwirtschaft und die Komitee der Wirtschaftlichkeit des Yangtse eine Untersuchung des Wasserprojektsmodells beim Atomwaffenangeriff gemacht und sind dabei zu zwei gesetzmässigen Erkenntnissen gekommen: erstes: da es zwischen dem Dammsitz Sandouping und Nanjingguan noch einen 20 km Schluchtental gebe, könne das Hochwasser aus dem gebrochenen Damm wegen der steilen Felsen an den beiden Ufern des Flusses in Schranke halten und wegen der Einschränkung die Ableitungszeit des Hochwassers verlängert werden; zweites: die Menge des Hochwassers aus dem gebrochenen Damms sei so viel wie Speicherkapazität des Stausees. Man könnte auch das Jingjian-Hochwaserableitung- und Speicherprojekt verwenden. Dabei würden es zu einer regionalen Katastrophe oberhalb von Jingzhou geführt werden, aber Wuhan könnte unversehrt bleiben.

6. China ist auch ein Nuklearstaat und verfügt über moderne Flugabwehrrakete. Wir könnten feindliche Raketen außerhalb des Landes abfangen, damit sie nicht in unser Land eindringen würden. Falls sie die Staatsgrenzen überquert hätten, könnte man auch innerhalb des Landes mehrmals versuchen, sie abzuschiessen, damit sie den Bereich des Staudamms nicht erreichen könnten.

Geologische Beschaffenheit und Erdbeben

I. Erdbeben durch Stausee

Seit den 70er Jahren des 20. Jahrhunderts gehören die Studien über die Auslösung des Erdbebens durch Stausee im Drei-Schluchten-Projekt zu dem Schwerpunkt der Forschung. Dabei hat man über hundert Beispiele von solchem Erdbeben hervorgerufen durch den Bau von Stausbecken in der Welt analysiert und Gestein im Bereich der Drei-Schluchten, geologische Strukturen und Durchlässigkeitsbedingungen erforscht. Im Bereich des Stausees und im Bereich des Dammes wurde durch 300-800 m tiefe Bohrlöcher die Belastung des Bodens geprüft. In einigen Bruchzonen im Bereich des Stausees wurden, verstärkt durch Messung und Simulationen, die Auswirkungen möglicher Erdbeben untersucht und dreidimensionale endliche Größe und andere Daten analysiert. Nach der Untersuchung und der Bewertung einer möglicher Auslösung eines Erdbebens im Drei-Schluchten-Stausee ist man zu folgenden Ergebnissen gekommen: der 16 km langer Stauseeabschnitt vom Dammsitz bis Miaohe besteht aus Hügeln mit kristallinen Gesteinen, die sehr homogen sind. Deshalb gab und gibt es hier selten Erdbeben. Nach der Aufstauung kann durch Spannung manches untiefes Erdbeben nicht völlig ausgeschlossen werden, aber es könnte nicht höher als 4 der Richterskala liegen. Der 142 km lange Stauseeabschnitt oberhalb von Baidicheng besteht aus Karbonatsgestein. Hier könnte Erdbeben durch Zerfall des Karstensees verursacht werden, aber dessen Stärke dürfte nicht über 4 der auf Richterskala liegen. Der Stauseeabschnitt oberhalb von Baidicheng ist vor allem eine Stauseestrecke auf Sandstein und Sentimentgestein, Darunter gibt es keine großen Bruchschichten. Die Gesteinsschichten sind hier ist auch durch eine schwache Durchlässigkeit gekennzeichnet, was aber keine Bedingungen für die Auslösung eines Erdbebens bietet.

So kann man nach den langjährigen Untersuchungen und Messung zur Erforschung von Erdbeben im Stauseebereich feststellen, dass der Stauseebereich einen stabilen Erdmantel und keine geologische Beschaffenheit für ein schlimmes Erdbeben haben. Obwohl man die Möglichkeiten der Auslösung des Erdbeben durch den Stausee nicht ausschließen kann, wird die Stärke eines Erdbebens im Stauseebereich nach den Analysen nicht mehr als 6 betragen.

II. Stabilität der Stauseeufer

Nach den geologischen Untersuchungen und Messungen im Bereich des Drei-Schluchten-Projekts ist man zu der Schlußfolgerung gekommen, dass der Stausee keine Probleme bei der Durchlässigkeit und Erosion an den Stauseeufern hat und der Verlust von Bodenschatz gering ist. Nach 1982 geschahen nacheinander zwei große Erdrutsche in Jipazi bei der Kreisstadt Yunyan und in Xintan von Zigui. Darauf hat die Frage von Stabilität der Stauseeufer der Drei-Schluchten grosse Aufmerksamkeit erregt. und sie wurde dann der Schwerpunkt der geologischen Untersuchung im Bereich des Stausees. In den letzten Jahren haben die Wissenschaftler und Gelehrten zum Thema der Stabilität von Stauseeufer viele Vermessungen und Untersuchungen durchgeführt.

Man hat die Stabilität der Ufer von 173 Nebenflüssen und dem Hauptstrom geprüft, schwarzweisse Bilder und farbige infrarote Bilder analysiert und vor Ort Vergleiche mit den Bildern gemacht. Nachdem man mit grösseren Maßstäben Kartographie und entsprechende Vermessungen an 33 schweren Erdrutschstellen, Untersuchungen und Rechnungen gemacht hatte, kam man zu der umfassenden Bewertung von der Stabilität der Drei-Schluchten-Ufer. Die Drei-Schluchten-Ufer bestehen aus harten Gesteinen, haben weniger Bruchschichten. Es gibt keine starken Bewegungen der Neostruktur oder durch Erdbeben, so dass die Stauseeufer eine gute Stabilität aufweisen. Dass an Ufern der Drei-Schluchten beim Prozess des tiefergehenden Flussbettes manchmal Erdrutsch und Einsturze auftreten können, gehört zu den natürlichen Erscheinungen bei der Verwandlung des Flusses. Das geschah in der Vergangenheit und kann auch durch die Aufstauung in Zukunft geschehen. Nach der Untersuchung wurden 284 Erdrutsch bzw. Felsabstürze mit Dimension von mehr als 1 Mill. m³, und einem gesamten Volumen von 3 Mrd. m³ festgestellt. Darunter sind 64 Stellen mit einer Volumen von 340 Mill. m³ am gefährlichsten, die nach der Aufstauung nicht standfest sind. Aber das wird der Speicherkapazität des Stausees und seiner Betriebsdauer kaum schaden, wenn solche Hangrutsche in den Stausee abstürzen. An einem ab Staudamm 26 km langen Stauseeabschnitt bestehen keine grossen Erdrutschkörper, so werden die Gebäude des Projekts sicher vor Bergrutschen sein. Nach der Aufstauung wird der Schiffahrtsweg dank dem erhöhten Wasserstand nicht beeinträchtigt, auch wenn Bergrutsch und Felseneinsturz an manchen Ufern auftreten.

Aber die neuen und alten Städte und Dörfer sind nach der Aufstauung vom Bergrutschen leicht gefährdet. Deswegen muss man die geologischen Bedingungen der Wohnorte der Einwohner genau prüfen und untersuchen. Darum wird ein System zur Kontrolle und der Vorhersage von den möglichen Gefahren vom Bergrutschen eingerichtet.

Beim Bau des Dreischluchtenprojekts sind die instabilen Felsen in Lianzize durch Verankerung befestigt worden

Die Zhongbaotao Insel, Dammsitz des Wasserbauprojekts der Dreischluchten Die Gründungssohle besteht aus Granit, was die beste Vorraussetzung für den Bau eines hohen Dammes ist.

Grosse Ereignisse bei Verwandlung vom Traum zur Realität

Dr. Sun Yat-sen hat erstmals die Idee aufgestellt, die Schifffahrt des Yangtse-Abschnitts in Sichuan zu verbessern, Nutzen aus den Wasserressourcen des Yangtse in den drei Schluchten zu ziehen und Strom zu erzeugen. In seinem bekannten Buch <Konzepte von der Gründung der Republik – industrieller Plan> hat er geschrieben, „von Yichang aus fahre man aufwärts auf dem Yangtse. Dann kommt man in die Drei Schluchten. Nach einer Fahrt von etwa 100 Meilen erreicht man das Beckenland von Sichuan... Um diese Strecke des Oberlaufs vom Yangtse zu verbessern, sollte man Deiche und Schleuse bauen, so dass sich das Wasser erhöht und Schiffe ab- und aufwärts des Flusses besser fahren könnten, Nicht zu letzt könnte man die Wasserenergie hier ausnutzen. Außerdem sollen Untiefen und große Steine gesprengt und entfernte werden. Der Fluß wird tiefer, und Schiffe können von Schanghai und Hankou direkt nach Chonqing fahren." Im August 1924 hat Dr. Sun Yat-sen bei der Rede in der staatlichen pädagogischen Hochschule Kanton wieder geäußert: "Die Wasserkraft des Yangtse in der Kui-Schlucht kann den Strom von 30 Millionen Pferdestärke erzeugen, diese Elektrizität ist mehr als der Gesamtbetrag der jetzigen erzeugten Elektrizität auf der ganzen Welt..."

Der Drei-Schluchten-Traum der Kuomintang-Regierung: Im Oktober 1932 hat der Rat für Ressourcen der Kuomintang-Regierung ein Forschungsteam zur Untersuchung der Stromerzeugung mit der Wasserkraft des Oberlaufs des Yangtse auf dem Gebiet der drei Schluchten zwei Monate lang Forschungen und Vermessungen vorgenommen, und im Jahr 1933 den „Untersuchungsvortrag über die Stromerzeugung mit der Wasserkraft des Oberlaufs des Yangtse " verfasst. Im Vortrag wurden zwei Programme für den Bau von niedrigen Dämmen bei Haunglingmiao und Gezhouba entworfen und bei Gezhouba ein Wasserkraftwerk von 300,000 kWh, Gefälle von 12,8 m, mit einer Schiffsschleuse sowie bei Huanglingmiao ein Kraftwerk von 50,000 kWh mit einer Schiffsschleuse vorgeschlagen. Der Vermerk des Verkehrsministeriums der Kuomintang-Regierung im Mai 1933 lautete: "Der vorgelegte Plan ist ausführlich, und soll zu den Akten zu Nachschlagen genommen werden.

1944 hielt der Berater des chinesischen Ministeriums für Produktion der Kriegszeit (amerikanischer Ökonom) G. R. Paschal den Vortrag „Vorbereitung für den Bau chinesischer Wasserkraftwerke mit Hilfe amerikanischen Kredits und die Methoden der Zurückzahlung". Der Vortrag hat vorgeschlagen: In den drei Schluchten würde ein Wasserkraftwerk von 10,5 Millionen kWh gegründet. Mit billiger Elektrizitätsversorgung des Wasserkraftwerks würden chemische Düngemittel produziert und in die USA exportiert. Die USA würden ungefähr ein Darlehen von 900 Millionen US-Dollar gewähren, das innerhalb von 15 Jahren zurückgezahlt würde.

Im Mai 1944 hat der Rat für Ressourcen der Kuomintang den Generalentwurfsingenieur der US-Behörde „Reclamation Bureau" (für Landgewinnung) Dr. John Lucian Sovage nach China eingeladen. Dr. John Lucian Sovage hat in Begleitung chinesischer Ingenieure während des Kriegs die drei Schluchten untersucht und danach den aufregenden „vorläufigen Vortrag über den Drei-Schluchten-Plan des Yangtse" verfasst. Dieser Plan hat den Staudamm zwischen dem Ausgang der drei Schluchten Nanjinguan und Shipai festgelegt. Die maximale Höhe des Staudamms sei 225 m, der Wasserpegel des Stausees sei 200 m. Die installierte Kapazität würde bei 10,5 Millionen Kilowatt liegen. Jedes der Aggregate würde 110,00 Kilowatt Elektrizität erzeugen. Der Staudamm würde mit einem Schiffhebewerk versehen sein. 10,000

Tonnen schwere Schiffe könnten in Chongqing einfahren. Der Staudamm sei in der Lage, die Flut zu kontrollieren und für Besichtigung zur Verfügung zu stehen.

1946 hat Dr. John Lucian Sovage noch einmal die Staudammsorte untersucht. Die US-Behörde für Landgewinnung und der chinesische Rat für Ressourcen haben eine technische Zusammenarbeitsvereinbarung unterzeichnet. Nach der Vereinbarung hat die US-Behörde den Entwurf überarbeitet. 54 chinesische technische Fachpersonen wurden für die Entwurfs- und Forschungsarbeit des Drei-Schluchten-Projekts zur US-Behörde für Landgewinnung entsandt. Dr. John Lucian Sovage sagte: "Die natürliche Bedingung der drei Schluchten des Yangtse ist nicht nur in China, sondern auch auf der ganzen Welt einzigartig." Da die Kuomintang-Partei sich auf die Vorbereitung des Bürgerkriegs konzentrierte, hat sich die Nanjing-Regierung im Mai 1947 entschlossen, den Plan des Drei-Schluchten-Projekts zu verwerfen. Nach dieser Mitteilung drückte Dr. John Lucian Sovage sein großes Bedauern aus. Im hohen Alter hat er gesagt: "Die drei Schluchten sind für mich ein zunichte gewordener, schöner, aber bitterer Traum." Obwohl Dr. John Lucian Sovages Entwurf bei der Wahl des Staudammsorts große Mängel aufweist (weil die geologische Beschaffenheit in Nanjinguan vor allem Kalkstein zeigt, der ungeeignet für den Bau hoher Dämme ist), ist er der erste ausführliche Entwurf über die Nutzen der Wasserressourcen der drei Schluchten. 1974 hat der Ex-Premier Zhou Enlai Dr. John Lucian Sovage gerecht beurteilt: " Dr. John Lucian Sovage ist zwar ein Amerikaner, aber ein großer Wissenschaftler. Dr. John Lucian Sovage hat nur einen Dammstandort bei Nanjinguan untersucht, aber er hat Fragen gestellt und Beiträge geleistet." Am 23. 9. 1997 haben die Vertreter der China Yangtse Tore Grogs Projekt Corp., das Yangtse-Komitee und das CCTV-Team für die Produktion des Films „Memorandum der drei Schluchten" vor der Stauung des Yangtse in Dover in den USA am Frimon-Friedhof des Vororts Dovers an John Lucian Sovage's Grabstein Blumen und einen Bohrkern des Drei-Schluchten-Staudamms abgelegt, um John Lucian Sovage's Geist Trost zu bringen.

Nach der Gründung der Volksrepublik China wurde im Februar 1950 in Wuhan das Komitee für die Wasserwirtschaft des Yangtse gebildet.

Nachdem der ehemalige Vorsitzende Mao Zedong 1953 die Vorstellung der Planung über den Bau der Reservoire auf dem Yangtse und dessen Hauptarmen angehört hatte, hat er auf die drei Schluchten auf der Landkarte gewiesen und gesagt: "Warum

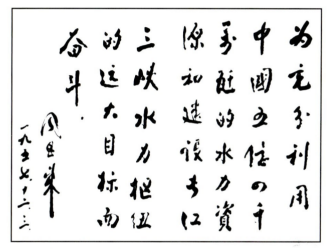

Die Widmung vom Premier Zhou En-lai auf der Messe der Wasserenergie:" Um das große Ziel zu kämpfen, um vollständig die Wasserressourcen Chinas von 540 Millionen Kilowatt zu nutzen und das Schlüsselprojekt der drei Schluchten auf dem Yangtse zu bauen."
. geschrieben am 3. 12. 1957

Die Erinnerungsmauer des Dreischluchtenprojekts

wird an diesem Hauptausgang eine Kontrollstelle gebaut, wenn große Aufwendung für den Bau am Hauptarm auch das Ziel der Flutkontrolle nicht erreichen kann? „Wie wär's mit dem Bau des Drei-Schluchten-Staudamms?"

Im September 1954 hat Lin Yi-shan, der verantwortliche Kader des Komitees für die Wasserwirtschaft des Yangtse den Dammstandort des Drei-Schluchten-Projekts bei Huanglingmiao mit dem Aufstauswasserspiegel in der Höhe von 191.5m vorgeschlagen.

Im Juli 1956 hat Mao Zedong das berühmte Gedicht geschaffen: " Eine Steinmauer ragt über dem Xi Fluss hervor, Regenwolken über Wu-Berg würden abgeschnitten. In hohen Schluchten käme ein ruhiger See vor, Heil bleiben würde die Fee. Staunen wird darüber die ganze Welt," was die großartige Blaupause des Drei-Schlcuhten-Projekts beschreibt.

Am 3. 12. 1957 hat der ehemalige Premier Zhou Enlai anlässlich der Vorstellung des Aufbaus der Anlagen der Wasserwirtschaft vom ganzen Land die Worte der Ermutigung geschrieben: „Um das große Ziel zu kämpfen, um vollständig die Wasserressourcen Chinas von 540 Millionen Kilowatt zu nutzen und das Schlüsselprojekt der drei Schluchten auf dem Yangtse zu bauen."

Im Januar 1958 haben Lin Yi-shan, der für den sofortigen Beginn des Drei-Schluchten-Projekts war, und Li Rui, der entgegengesetzter Meinung war, während der Nanning-Sitzung der KP Chinas beim Erscheinen des Vorsitzenden Mao Zedong heftig debattiert.

Nachdem der Vorsitzende Mao verschiedenen Meinungen der betreffenden verantwortlichen Genossen und Experten gewissenhaft angehört haben, hat er die Richtlinie „aktive Vorbereitung, Ausführlichkeit und Zuverlässigkeit" festgelegt und den Premier Zhou mit der Aufgabe beauftragt, den Plan des Yangtse und den Aufbau des Drei-Schluchten-Projekts zu leiten.

Zwischen 26. 2. und 5. 3 1958 sind der ehemalige Premier Zhou Enlai und die ehemaligen Vizepremiers Li Fu-Chun und Li Xian-nian mit den verantwortlichen Kadern der betroffenen Ministerien, der Provinzen und Städte entlang des Yangtse mit sowjetischen und chinesischen Experten einschließlich Lin Yi-shan und Li Rui, insgesamt über 100 Personen, von Wuhan per Schiff aufgebrochen, haben die Beschaffenheit des Yangtse, den Deich des Flussabschnitts Jingjiang, den Dammstandort und das Einzugsgebiet des Drei-Schluchten-Projekts besichtigt.

Am Vormittag des ersten März hat der ehemalige Premier Zhou den Staudammstandort bei Nanjinguan (den von John Lucian Sovage bestimmten Ort) besucht. Am Nachmittag des ersten März ist er auf die Insel Zhongbao gelandet, um den Ort Shandouping zu untersuchen. Als der Premier Zhou auf der Insel Zhongbao Exemplare der Bohrkerne gesehen hat, hat er einen langen Bohrkern wiederholt betrachtet, er konnte ihn nicht aus der Hand legen und hat sich in nicht enden wollenden Lobreden darüber ergeben. Gleichzeitig hat er gesagt," Die geologische Beschaffenheit ist hier wirklich nicht schlecht. Nur unser Lob ist nicht genug. Wir können dem Vorsitzenden Mao einen Bohrkern bringen, damit er sich auch darüber freuen kann!" Er hat neben ihm stehende Genossen gefragt, „Darf ich einen Bohrkern nehmen? " Nach dem Einverständnis hat er gemäß der Vorschriften dieses Ereignis ins Register eingetragen. Die Experten haben geglaubt, dass es im 200 km langen Flußabschnitt der drei Schluchten fast nur Kalksteine gibt. Nur bei Sandouping ist das Flussbett im über 20 km langen Flußabschnitt aus Granit. Das ist ein idealer Ort für den Bau eines Staudamms. Sie haben vorgeschlagen, auf das Konzept Nanjinguan zu verzichten und Sandouping in Erwägung zu ziehen. Unterwegs hat der Premier Zhou an Ort und Stelle eine Überprüfung vorgenommen, und noch auf dem Schiff Sitzungen abgehalten, die Vorträge der sowjetischen und chinesischen Experten angehört sowie Diskussionen geleitet, und immer wieder betont „Gedankengänge zu entfalten und eigene Meinungen auszudrücken". Als das Schiff in Chongqing angekommen ist, hat der Premier Zhou eindeutig geäußert, den Schwerpunkt der Forschung des Orts für das Drei-Schluchten-Projekt von Sandouping nach Nanjinguan zu verlegen. Das ist eine entscheidende Bestimmung bei der Wahl des Dammstandortes.

Am 30. 3. 1958 hat der Vorsitzende Mao mit dem Schiff Jiangxia die drei Schluchten des Yangtse inspiziert.

Am 25. 4. 1958 wurde „der Vorschlag des Zentralkomitees der KP Chinas über das Drei-Schluchten-Schlüsselprojekt und den Plan des Einzugsgebiets des Yangtse" auf der Sitzung der KP Chinas in Chengdu angenommen. Das ist der erste Akt des Zentralkomitees der KP Chinas über das Drei-Schluchten-Projekt. Der Hauptinhalt des Vorschlags über das Drei-Schluchten-Projekt: „Aus den Sichten der langfristigen wirtschaftlichen Entwicklung des Landes und der technischen Bedingungen ist es notwendig und möglich, das Drei-Schluchten-Schlüsselprojekt durchzuführen ... Jetzt soll die Richtlinien zur aktiven Vorbereitungen, zur Ausführbarkeit und Zuverlässigkeit festgelegt, und Vorbereitungen auf allen Gebieten getroffen werden. Es wird deutlich gemacht, dass das Drei-Schluchten-Projekt das Hauptteil der Planung von dem Einzugsgebiet des Yangtse sein wird.

Nach der Chengdu-Sitzung der KP Chinas hat der Staat die Führungsgruppe der Drei-Schluchten-Forschung errichtet. Fast 10.000 technische Fachleute aus über 200 Fakultäten haben an der Forschung und dem Entwurf des Drei-Schluchten-Projekts teilgenommen. Nach über zweijähriger intensiver Arbeit und vorläufiger Entwurfsarbeit wurde der Ort des Staudamms auf der Insel Zhongbao festgelegt, ebenfalls das Konzept des Staudamms mit 200 m hohem normalem Wasserpegel. Die vorläufige Leistung des ersten Generators wurde bestimmt und die vollständige Untersuchung über den Überflutungsindex des Einzugsgebiets der drei Schluchten wurde durchgeführt, ebenfalls Experimente über das Verschlammen des Treibsandes des Drei-Schluchten-Stausees.

Wegen der dreijährigen Naturkatastrophen wurde der Plan, am Anfang der 60er Jahre mit dem Drei-Schluchten-Projekt zu beginnen, beiseite gelegt, auch weil die Sowjetunion alle ihre Experten aus China grob abgerufen hat.

Nachdem das Zentralkomitee der KP Chinas 1970 die Beziehung zwischen dem Gezhouba-Projekt und dem Drei-Schluchten-Projekt studiert hatte, hat das Zentralkomitee am 26. 12. 1970 den Bau des Gezhouba-Projekts als ein Teil des Drei-Schluchten-Projekts zuerst genehmigt und ausgedrückt, dass dieses Projekt planmäßig und schrittweise die Vorbereitung des Drei-Schluchten-Projekts vorantreiben soll. 1981 begann das Gezhouba-Projekt Strom zu erzeugen. 1989 trat das ganze Projekt in Betrieb. Der Gezhouba-Staudamm erzeugt nicht nur große Menge an Elektrizität, sondern verbessert die Schifffahrtsbedingung des Flussabschnitts unterhalb der drei Schluchten und leistet auch große Beiträge zur Wissenschaft und Technik. Nach der Besichtigung des Gezhouba-Staudamms haben viele ausländische Experten gestaunt. "Die Chinesen sind schon an diesem Projekt gewachsen, somit können sie auch alle großen Projekte einschließlich des Drei-Schluchten-Projekts verwirklichen."

Im April 1984 hat der Staatsrat den vom Büro für die Planung des Einzugsgebiets des Yangtse verfassten „Forschungsbericht über die Durchführbarkeit des Drei-Schluchten-Schlüsselprojekts" prinzipiell genehmigt, und vorläufig das Konzept des niedrigen Damms mit dem Stauwasserstand von 150 m angenommen, sowie beschlossen, dass in 1984 und 1985 die Vorbereitung für den Bau des Projekts vor der Genehmigung des vorläufigen Entwurfs (einschließlich des Projektetats) beginnen soll.

Ende 1984 hat das Stadtkomitee der KP Chinas in Chongqing dem Zentralkomitee „Meinungen und Vorschläge über das Drei-Schluchten-Projekt" vorgelegt. Danach besteht die Auffassung, dass das Stauwasser nach dem Konzept des 150 m hohen Staudamm-Projekts nur den Flussabschnitt 180 km unterhalb von Chongqing erreichen kann. Deshalb lässt sich ein langer natürlicher Schifffahrtsweg unterhalb von Chongqing nicht verbessern. 10.000 t. Schiffe können in Chongqing noch nicht direkt einfahren. Nach dieser Meinung bringt das Konzept des normalen Stauwasserstands mit 180 m zwar mehr Kosten für Investition, Überflutung und Umsiedlung mit sich, als das Konzept eines niedrigen Damms, aber es erzielt mehr umfassende Gewinne, und kann gleichzeitig prinzipiell die Schifffahrtskapazität im Sichuan-Flussabschnitt vergrößern.

Im Juni 1986 hat das Zentralkomitee der KP Chinas „ die Mitteilung des Zentralkomitees der KP Chinas und des

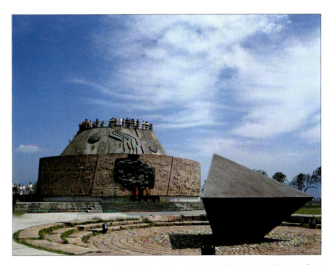

Der Tanziling-Hügel (Hügel des Tontopfes)

Staatsrats über betreffende Fragen in der Beweisführung des Drei-Schluchten-Projekts" erlassen, und das Ministerium für Wasserwirtschaft und Elektrizität mit der Aufgabe beauftragt, Experten aller zuständigen Fakultäten zu organisieren und den vorher verfassten Expertise über die Durchführbarkeit des Drei-Schluchten-Projekts zu argumentieren und zu revidieren. Aufgrund der Sammlung der Meinungen von allen Seiten und der tiefgreifenden Erforschung und Beweisführung soll eine neue Ausarbeitung über die Durchführbarkeit des Drei-Schluchten-Projekts vorlegt werden. Den wesentlichen Punkten des Zentralkomitees gemäß hat das Ministerium für Wasserwirtschaft und Elektrizität eine Führungsgruppe der Beweisführung mit der Chefin Qian Zhengying an der Spitze mit 14 Expertengruppen gegründet. Danach wurde die Beweisführung innerhalb von 32 Monaten erarbeitet. Daraus wurde die Schlußfolgerung gezogen, dass das Drei-Schluchten-Projekt notwendig für die vier Modernisierungen, und möglich im Hinblick auf die Technik, sowie auch vernünftig aus der finanziellen Sicht sei. Der Aufbau des Projekts bringe mehr Vorteile als Nachteile. Der Bau des Projekts sollte so bald wie möglich beginnen. Die vorgeschlagene Höhe des Staudamms sei 185 m und der vorgeschlagene normale Wasserpegel liege bei 175 m. Das empfohlene Aufbaukonzept: Das ganze Projekt wird ein erstklassiges Wassererschließungsprojekt sein, das auf ein Mal gebaut wird, wobei Wasser periodenweise aufgestaut und Einwohner ständig umgesiedelt werden.

Am 3. 4. 1992 hat die 5. Tagung des 7. Nationalen Volkskongresses „Resolution zum Aufbau des Drei-Schluten-Projekts des Yangtse" mit 67.1% aller Stimmen gebilligt (nämlich 1767 Stimmen waren dafür, 177 Stimmen dagegen, 664 hat sich enthalten, 25 hat keine Stimmen abgegeben.) Damit war die Beweisführung des Drei-Schluchten-Projekts zum Ende und begann die Durchführungsphase.

1993 begann die offizielle Vorbereitung für den Bau des Drei-Schluchten-Projekts.

Am 14. 12. 1994 fing der Bau des Drei-Schluchten-Projekts an.

Am 11. 8. 1997 wurde der Strom des Yangtse erfolgreich aufgestaut.

Am Anfang 2003 entstand der gigantische Drei-Schluchten-Staudamm. Am 1. 6. 2003 schloss das Drei-Schluchten-Projekt die Schleusentoren, um Wasser zu stauen. Am 10. 6. erreichte der Wasserstand des Stausees die Höhe von 135 m, womit der Traum, eines flachen Sees in den tiefen Schluchten in Erfüllung ging. Aus dem Fluss wurde in den drei Schluchten ein See. Am 16. 6. 2003 wurde die fünfstufige Schiffsschleuse in Betrieb genommen. Am 24. 6. wurde der erste Generator – das Aggregat 2 sehr erfolgreich mit dem Stromnetz Mittelchinas verbunden. Seitdem wird mit dem Wasser des Yangtse starke Elektroenergie erzeugt. Wenn der Wasserstand des Drei-Schluchten-Reservoirs je um 1m steigt, erhöht sich die Staukapazität um 400 Milli.m^3, und erhöhen die Kraftwerke der Drei-Schluchten und Gezhouba die erzeugten Strommenge um ungefähr 100 Mill. kWh mehr.

Der Bohrkem von der Sohle des Staudammes der Dreischluchten

Die Bildhauerrei auf dem Tanziling Hügel. Sie erzählt über Geschichte vom Kampf des chinesichen Volkes gegen das Hochwasser seit Jahrtausenden und von den unnachgibigen Bemühungen um die Nutzung der Wasserwirtschaftlichkeit, die mit der Flussregulierung von Helden Dayu begonnen hatte.

Das Gezhouba-Wasserprojekt ist ein Bestandteil vom Drei-Schluchten-Projekt

Das Gezhouba-Projekt ist ein Bestandteil des Drei-Schluchten-Projekts und auch das erste Wasserkraftwerk, das China an dem tausend km langen Yangtse gebaut hat. Der Damm liegt bei der Stadt Yichang der Provinz Hubei, 4 km von der Stadtmitte entfernt. Oberhalb in einer Entfernung von 38 km, liegt das Drei-Schluchte-Projekt. Das Gezhouba Wasserprojekt hat am 30. 12. 1970 begonnen. Am 4. 1. 1981 wurde der Yangtse erfolgreich gesperrt. Am 27. 12. 1981 erzeugte der erste Generator Strom. Im Dezember 1988 wurde das Projekt beendet. Seit Jahren hat das Gezhouba-Projekt beim Wasserwegtransport, Hochwasserschutz, Stromproduktion und Tourismus eine wichtige Rolle gespielt.

Nach dem Durchfliessen vom Nanjinguan-Pass der Drei-Schluchten ist der Yangtse von einer Breite von 300 m auf 2200 m verbreitet. Der Fluss wurden von zwei Inseln, eine hiess Gezhouba und andere Xiba, in drei Strömungen geteilt, vom Süden nach Norden nennt man den Dajiang, Erjiang und Sanjiang. Der Dajiang war der Hauptstrom. Im Erjiang und Sanjiang floß Wasser nur in Hochwassermonaten. Das Gezhouba-Projekt hat hier den Yangtse-Fluss abgesperrt. Da der Damm quer durch die Gezhouba-Insel liegt, bekam das Projekt seinen Namen.

Das Gezhouba-Projekt war ein großartiges Projekt und gehört zu den grössten Wasserkraftwerken auf der Welt. Das Projekt und seine Anlagen sind von Chinesen selbst entwickelt, gebaut, angefertigt und installiert. Das Projekt besteht aus dem Staudamm, drei Schiffsschleusen zwei Wasserkraftwerken 27 Hochwasserabläufe Sandablaufesschleuse in Dajiang und in Sanjiang u.a. Der Staudamm ist 2606,5 m lang, die Höhe der Staumauer 70 m, die Differenz des Wasserstandes zwischen dem Oberlauf und dem Unterlauf beträgt 27 m, der Normalwasserstand 66 m, die Speicherkapazität 1,58 Mrd. m³.

Gezhouba-Schiffsschleuse: die erste Gezhouba-Schiffsschleuse liegt auf dem Hauptstrom. Die Nutzdimension des Schleusentrogs beträgt 280 m (Länge) x 34 m (Breite) x 5,5 (minimale Tiefe des Wassers), die zweite und dritte Schleuse auf dem Sanjiang (dem dritten Strom). Die Nutzdimension vom zweiten Schleusentrog beträgt 280 m (Länge) x 34 m (Breite) x 5 m (minimale Tiefe des Wassers); die Nutzdimension vom dritten Schleusentrog 120 m x 18 m x 3, 5 m. Die erste und zweite Schleuse gehören zu den grössten auf der Welt. Jeder Schleusentrog kann ein grosses Passagier- und Frachtschiff oder eine Flotte von 10 000 Tonnen aufnehmen. Das Schleusentor an der Unterlaufesseite wird als das größte Tor auf der Welt bezeichnet. Selbst eine Seite des Tors ist 19,7 m breit, 34 m hoch, 2, 7 m dick und 600 Tonnen schwer. Die Überschreitung der ersten oder zweiten Schleuse einer Flotte von 10 000 Tonnen dauert 51 – 57 Minuten.

Das Gezhouba-Wasserkraftwerk: Im Kraftwerk auf dem Hauptstrom (Dajiang) sind 14 Generator mit der Kapazität von 125 WM von jeder Maschine installiert. Im Wasserkraftwerk vom Erjiang sind 7 Generatoren installiert, 2 Maschinen mit der Kapazität von 170 MW, 5 mit Kapazität von 125 MW. In den beiden Kraftwerken sind insgesamt 21 Generatoren mit einer gesamten installierten Kapazität von 2715 MW. Das Gezhouba-Wasserkraftwerk produziert durchschnittlich jährlich 15,7 Mrd.kW/h. Die große Energiemenge wird durch mehrere

Serenade von Gezhouba

Hochspannungsfreileitung von 220 000 V und 500 000 V an die beiden Seiten des Flusses und viele Orte Chinas geliefert.

Hochwasserablaufesöffnungen und Sandablaufesschleusen: an dem Dezhouba-Staudamm sind 27 Hochwasserablaufesöffnungen mit einer maximalen Ablaufeskapazität von 83 900 m³/s.. Grundablässe sind am Dajiang (Hauptstrom) und am Erjiang gebaut. Die haben die wichtige Funktion der Ableitung von Schlamm mit Wasserstrom zur Erhaltung des ungehinderten Schiffsweges. 9

Wichtige Kennziffer des Gezhouba-Wasserprojekts

Bezeichnung	Einheit	Kennziffer
Einzugsgebiet oberhalb des Damms	km²	100×10^4
Normalwasserstand	m	66
Höhe der Dammkrone	m	70
Wasserspeicherkapazität	m³	15.8×10^8
Durchschnittliche Durchflussmenge innerhalb mehrerer Jahre am Dammsitz	m³/s	14 300
Geplante Durchflussmenge beim Hochwasser (nach dem Hochwasser vom 1788)	m³/s	86 000
Überprüfte Durchflussmenge beim Hochwasser (nach dem Hochwasser vom 1870)	m³/s	110 000
Tonnage der Flotte, die die 1. und 2. Schiffsschleuse passieren kann.	t.	12 000 – 16 000
Tonnage der Flotte, die durch die 3. Schiffsschleuse passieren kann.	t.	3 000
Installierte Kapazität	kw	271.5×10^4
Durchschnittliche Stromerzeugung pro Jahr	kw.h	160×10^8
Hochwasserableitungsmenge der 27 Grundablässe	m³/s	83 900
Länge des Staudamms	m	2606.5
Betonarbeiten	m³	$1\,113 \times 10^4$
Gesamte Erdarbeiten	m³	1.113×10^8
Gesamte Metallkonstruktionsarbeiten	t	7.75×10^4

Grundablässe auf dem Dajiang haben eine maximale Ablaufeskapazität von 20 000 m³/s.. 6 Grundablässe am Sanjiang (dem dritten Strom) haben eine maximale Ablaufeskapazität von 10 500 m³/s.. Bei der gleichzeitigen Öffnung der Hochwasserablaufe und der Grundablässe könnte das grösste Hochwasser von 110 000 m³/s. in der Geschichte abgeleitet werden. Am 19. 07. 1981 hat der Gezhouba-Staudamm das grösste Hochwasser von 72 000 m³/s., das in der vergangenen hundert Jahren selten vorgekommen ist, abgeführt. Dabei war der Damm unversehrt.

Das Gezhouba-Projekt ist der erste Damm auf dem langen Yangtse und auch ein Stausee für Schifffahrt und Rückregulierung vom Drei-Schluchten-Projekt. Das Gezhouba-Wasserkraftwerk und das Drei-Schluchten-Projekt bilden eine organische Einheit – ein stufenartiges Wasserkraftwerk der Drei-Schluchten. Nach der Einführung des stufenartig gesteuerten Betriebs bei Wasserspeicherung, Hochwasserableitung, Stromerzeugung und Schifffahrt kann die Stromerzeugungsleistung um über 400 MW erhöht werden.

Das Krafthaus des Hauptstroms von Gezhouba

Die dritte Schiffschleuse von Gezhouba

Hochwasserableitung durch das Gezhouba Wasserprojekt

Panorama des Gezhouba Wasserbauprojektes

Auswirkung des Dreischluchtenprojekts auf die ökologische Umwelt

In dem Einzugsgebiet des Projekts existieren 47 seltene Sorten von Pflanzen, die vom Staat geschützt sind, die zwischen 300 und 1200 Meter Höhe vorkommen. Auf dem überschwemmten Gebiet ist fast keine ursprüngliche Pflanzendecke vorhanden. Die Überschwemmung verursacht deshalb keine großen Schaden.

In dem Einzugsgebiet gibt es 26 Sorten seltene wilde Tiere, die vom Staat konzentriert geschützt sind, und im hohen Gebirge und abgelegenen Gebieten leben. Auf sie wirkt sich die Aufstauung des Stausees nicht aus. Der Staat hat sich entschlossen, innerhalb des Einzugsgebiets eine Reihe Naturschutzgebiete, z.B. Tianbao Berg Waldpark, Longmen-Fluss-Naturschutzgebiet des immer grünen Laubwalds, landschaftliches und ökologisches Naturschutzgebiet der kleinen drei Schluchten anzulegen,, die den Schutz wilder Tiere und Pflanzen des Einzugsgebiets fördern.

Die Anlage dieser Reservate erzeugt Auswirkungen auch auf die Wanderung und die Aufenthaltsorte des Chinastörs --- ein seltenes Wassertier der obersten Schutzklasse. Nach der Vollendung des Gezhouba-Staudamms wurde der Wanderungsweg des Chinastörs versperrt. Die Forschung künstlicher Fortpflanzung des Chinastörs verlief schon erfolgreich. Seit 19 Jahren werden jährlich 100,000 künstlich fortgepflanzte Störesfischbrut unterhalb des Gezhouba-Staudamms in den Yangtse freigegeben. Unterhalb dieses Staudamms wurde ein neuer Laichplatz des Chinastörs gefunden. Zur Forschung und zum Schutz des Chinastörs gehören künstliche Fortpflanzungen, das Aussetzten in den Fluss, die Laichplätze zu schützen und weitere neue Laichplätze zu erschließen.

Der weltberühmte Yangtse-Delphin, der sehr vom Aussterben bedroht ist, lebt in dem Yangtse –Abschnitt, der hundert Kilometer weit unterhalb des Staudamms liegt. Ihm bedroht der Bau des Drei-Schluchten-Stausees nicht. Da der Yangtse-Delphin zu den Schutztieren der Weltklasse zählt, hat der Staat im Mittellauf auf der Tian-E-Insel in Shi Shou und im Unterlauf in Tongling Naturschutzgebiete des Delphins eingerichtet. Nach langfristigen Forschungen nimmt der Aufbau des Drei-Schluchten-Reservoirs keinen Einfluß auf die Lebensumwelt und den Aufenthaltsort seltener Arten wie z. B. dem Yangtse-Krokodil und des sibirischen Storchs.

Pfisirchblüte-Quallen (Medusen)

Riesensalamander (Babyamphibie)

Der Chinastör: Sein Gewicht kann über 500 kg erreichen. Er ist eins der ältesten Wirbeltiere der Welt, die noch existieren. Man hat Fossile vom alten Stör aus der Kreidezeit, die vor 140 Mill. Jahren war, schon ausgegraben. Der Chinastör lebt im Jinshajiang, dem Oberlauf vom Yangtse, er wächst aber im Meer auf. Jeden Herbst schwimmt er gegen den Strom aufwärts über 3000 km zum Jinshajiang, um abzulaichen. Dann kehrt er ins Meer zurück.

Badong-Lottosblumenbaum:

1907 hat die Loyal Sociaty von England Experten aus England, Amerika und Frankreich zu einer Expedition zum Yangtse organisiert. Dabei wurde diese Pflanze zum ersten Mal in Badong von Hubei entdeckt. So wurde sie weltbekannt. Er zählt zu den von Aussterben bedrohten Pflanzen. Bisher hat man nur drei davon gefunden, so nennt man ihn ein lebendiges Fossil. 1986 hat das Ministerium für Post eine Gedenkmarke und eine Miniaturausgabe vom Badong-Lottosblumenbaum ausgegeben.

Der Ginkobaum ist einer der ältesten Bäume der Nacktsamenspflanzen, die heute noch auf der Erde vorkommen.

Eule

Stumpfnasenaffen auf dem Shenlongjia Berg

Eichelhäher

Affenfamilie in den Drei-Schluchten

Schutz der Kulturgegenständen und Kulturdenkmäler im Bereich des Drei-Schluchten-Stausees

44 Kulturgegenständen und Kulturdenkmäler werden von Stauung des Drei-Schluchten-Stausees beeinflußt. Davon stehen die wasserkundlichen Steinschnitzereien Baiheliang in der Stadt Fuling unter dem erstklassigen staatlichen Denkmalschutz. Außerdem stehen 5 Denkmalstätten auf der Schutzliste der Provinzen. Andere berühmte Sehenswürdigkeiten und Kulturdenkmäler in drei Schluchten wie die Baidi-Stadt in Fengjie, die Geister-Stadt in Fengdu werden nicht beeinträchtigt. Die Denkmalstätten, die überflutet werden oder von der Überflutung beeinflußt sind, werden mit entsprechenden Maßnahmen an Ursprungsorten erhalten, oder umgesetzt und im Originalstil wieder aufgebaut. Alte Grabstätten im Überflutungsgebiet wurden auf dem Grund allgemeiner Überprüfung konzentriert freigelegt und wissenschaftlich dokumentiert.

Während des Baus vom Drei-Schluchten-Projekt hat man beispiellose archäologische Ausgrabensarbeiten im Bereich des Drei-Schluchten-Stausees durchgeführt. Von der zweiten Hälfte 1995 bis zum Aufstau des Drei-Schluchten-Projekts haben archäologische Fachleute Fläche von über 9 Mill. m^2 im Bereich des Stausees erkundigt und 930 000 m^2 Erde ausgehoben. Dabei wurden über 6000 wertvolle Kulturgegenstände ausgegraben, dazu noch etwa 60 000 allgemeine Kulturgegenstände. Man hat über 60 Ruinen von der Altsteinzeit, 80 von Jungsteinzeit und über 100 Ruinen und Friedhöfen vom alten Ba-Volk entdeckt, auch noch 470 Ruinen aus der Han-Zeit bis sechs Dynastien-Zeit sowie gegen 300 Ahnenhallen, Tempel, Wohnhäuser und alte Brücken. All das weist daraufhin auf, dass die Zivilisation des Yangtze hier ihre tiefe Auflagerung und ununterbrochene Spuren hinterlassen hat und das Stromgebiet vom Yangtse wie es vom Gelben Fluss auch Ursprungsort des chinesischen Volks war.

▶

Die Ruine der Daxi Kultur

Die gewässerkundlichen Steinschnitzereien Baiheliang in Fuling

Die Steinschnitzereien Baiheliang zählt zu dem größten und wichtigsten Projekt der Schutzarbeit der Kulturgegenständen und Kulturdenkmäler auf dem Boden. Vor der Aufstellung des Schutzplanes standen sie schon unter dem obersten staatlichen Denkmalschutz. Baiheliang liegt im Nordosten der Stadt Fuling von Chonqing, im Zentrum des Yangtse 1km unterhalb der Mündung des Flusses Wu in den Yangtse. Dort liegt ein großer Stein mit der Länge von 1600 m und der Breite von 15 bis 20 m. Der Stein neigt sich zur Mitte des Yangtse mit einem Winkel von 14.5°. Vor der Aufstauung des Drei-Schluchten-Projekts war der Steinrücken nur 2m höher als der durchschnittliche Wasserstand. Deshalb liegt der Stein jahrelang unter Wasser. Nur in trockenen Jahren taucht der Steinrücken bei niedrigem Wasserspiegel auf, was im Altertum für ein Zeichen des Glücks gehalten wurde. Da lautet ein Spruch „Das Auftauchen des Steinfisches verheißt ein fruchtbares Jahr."

Die erste Schnitzerei stammt aus dem ersten Guangde-Jahr der Tang-Dynatie (im Jahr 763). Bis jetzt hat man 165 Schnitzereien gefunden. Davon stammt eine aus der Tang-Dynastie, 98 Schnitzereien kommen aus der Song-Dynastie, 5 aus der Yuan-Dynastie, 16 aus der Ming-Dynastie, 24 aus der Qing-Dynastie, 14 aus der Neuzeit. Außerdem ist die Entstehungszeit von 7 Schnitzereien noch nicht bekannt. Insgesamt wurden über 30,000 Schriften in schöner, eleganter Sprache auf den Schriftarten von Di, Xing, Cao, Kai und in den Stilen von Yu, Chu, Yan, Liu, Qu mit großer Sorgfalt geschnitzt. In den Schnitzereien Baiheliang gibt es darüber hinaus 14 fein gravierte Steinfische, darunter eine stereometrische Skulptur, 13 Strichreliefe. Der größte ist 1,5m lang, die kleinste nur 0,3m lang. Jetzt können noch paarweise geschnitzte Fische klar gesehen werden, die zur Anzeige des niedrigsten Wasserstands in der Tang-Dynastie diente. Davon gibt es noch zwei Fische aus dem 24. Kangxi-Jahr (dem Jahr 1685). Die gemessene durchschnittliche Höhe der Fischbäuche weist auf den Standpunkt 137.9 m, der sich dem Nullpunkt des Wasserlineals der jetzigen wasserkundlichen Station Fuling nähert, und wie die moderne funktioniert. Die einzigartige Wasserstandanzeige in Baiheliang, der gravierte Karpfen hat den Wasserstand des Yangtse-Mittellaufs in trockenen Jahren innerhalb seit über 1200 Jahren aufgezeichnet. Damit werden diese Schnitzereien als „ die älteste Wasserstandaufzeichnungen auf dem Yangtse", „die Schatzkammer der wasserkundlichen Materialien des Yangtse", „ das Wunder der wasserkundlichen Weltgeschichte" genannt. 1974 wurde dieses von unseren Vorfahren geschaffene Wunder auf der von der UNESCO organisierten internationalen wasserkundlichen Sitzung hoch geschätzt.

Der normale Wasserpegel des Drei-Schluchten-Reservoirs wird bei 175 m. Liegen. Dann steht Baiheliang 38 m tief unter Wasser. Wenn der Wasserspiegel des Drei-Schluchten-Stausees während der Hochwasserperiode auf 145 m herabgesetzt wird, bleibt der Wasserstand noch ungefähr 8 m höher als Baiheliang. Somit wird Baiheliang-Steinschnitzereien immer überflutet

sein. Nach vorläufiger Einschätzung werden Baiheliang-Steinschnitzereien unter dem Schlamm nach dem 20jährigen Betrieb des Reservoirs unter dem Schlamm liegen. Um Baiheliang zu schützen, haben Experten mannigfaltige Konzepte aufgestellt. Nach wiederholten Beweisführungen und Abänderungen wurde schließlich die Methode eines „drucklosen Gefäßes" --- Schutz am Ursprungsorten unter Wasser --- angenommen. Das Prinzip dieser Methode ist der Bau eines Schutzwerks auf der Stelle mit hoch konzentrierten Schnitzereien. Durch eine Filteranlage wird Wasser ins Schutzwerk geleitet, um den Wasserdruck innerhalb und außerhalb des Schutzwerks auszugleichen. Gleichzeitig wird das Schutzwerk mit einem Besichtigungsfenster versehen sein, an dem ein Verkehrstunnel anschliessen wird, der zum Boden führt. Damit können die Touristen die Schnitzereien besichtigen und kann gleichzeitig die Situation unter Wasser kontrolliert werden. Zudem können die Touristen Taucheranzüge tragen und ins Wasser tauchen, um die Schnitzereien aus der Nähe zu betrachten

Die Einschätzung der Experten des Denkmalschutzes über das „drucklose Gefäss": Diese Maßnahme hält sich strickt an die international anerkannten Prinzipien über den Schutz der Kulturdenkmäler. Das heißt, das Denkmal und dessen ursprüngliche Umgebung sollen nach Möglichkeiten erhalten bleiben. Das Baiheliang-Museum als das erste Museum unter Wasser wird das Musterwerk zum Schutz historischen und kulturellen Erbes. Nach der Fertigstellung wird sich das Museum melden, um in die Liste des Kulturerbes der Welt eingetragen zu werden, weil kein Land wie China so vielen Wert auf das Kulturerbe und dessen erhalt bei Wasserbauprojekten legt. Baiheliang wird ein Kennzeichen der Touristenattraktion der Stadt Fuling sein und große Gewinne einbringen.

Baihe Inschriftestein in Fulin

Die Geister-Stadt Fengdu

Fengdu liegt 52 km unterhalb von Fuling auf dem nördlichen Ufer des Yangtse und ist die Geist-Stadt mit langer Geschichte. Der Grund, warum die Stadt Geist-Stadt heißt, liegt an einem Schreibfehler antiker Bücher. Nach der Überlieferung führten zwei Personen „Yin Changsheng" und „Wang Fangping" ein Eremitenleben auf dem Berg Pingdu, der im Nordosten von Fengdu liegt. Die beiden führten ein frommes Leben und wurden schließlich Unsterbliche. In der Tang-Dynastie wurden die Familiennamen der beiden „Yin" und „Wang" unabsichtlich fälschlich verbunden, nämlich „Yinwang" (der König der Unterwelt). Dass der König der Unterwelt auf dem Berg Pingdu lebe und die Geist-Stadt hier liege, wurde verbreitet. Nach der Tang-Dynastie wurden hintereinander über 79 Tempel errichtet. Die meisten haben mit Teufeln zu tun, wie die Grenze zwischen Lebenden und Toten, die Brücke Naihe, die Terrasse der Sehnsucht nach der Heimat, die Halle des Himmelkaisers, die Halle der Wolken usw. Alle gehören zur Hauptstadt der Unterwelt. Die Statuen in Tempeln sind verblüffend ähnlich und lebensnah. Daher ist Fengdu ein berühmtes buddhistisches Heiligtum. Der Berg Pingdu wurde nach dem Gedichtsatz von Sushi „Pingdu ist ein alter berühmter Berg (Ming Shan) der Welt" als Berg Ming benannt.

Es ist populär schon längst überliefert „Die Toten leben in Fengdu, boshafte Teufel in der Hölle". Der Geist meldet sich nach dem Tod bei der Hauptstadt der Unterwelt. Der Kaiser der Unterwelt weist ihm nach seinem Benehmen in der Menschenwelt zukünftige irdische Existenz zu. Welche, die Wohltaten erweisen, kehren in die irdische Welt zurück; welche, die Übeltaten haben, werden in die achtzehnstufige Hölle gebracht. Die Brücke Naihe besteht aus drei Steinbogenbrücken aneinander. Unter der Brücke ist der Teich Blut. Nach der Überlieferung muß jeder Tote zuerst durch die Brücke Naihe --- den ersten Paß --- gehen, um die Geister-Stadt Fengdu zu erreichen. Nur welche, die beim Leben Wohltaten erweisen, können reibungslos diese Brücke passieren. Sonst fallen die in den Teich, und werden von Schlangen und Insekten gefressen.

Von alters her fuhren zahlreiche hohe Beamte und vornehme Persönlichkeiten und Literaten hierher, um Weihrauch als Ritual zu verbrennen, Unsterbliche anzubeten und Sehenswürdigkeiten und Landschaft zu besichtigen. Sie haben Gedichte und wertvolle Schriftstücke hinterlassen. Der Dichter Libai der Tang-Zeit hat ein Gedicht geschaffen: „die Toten der Unterwelt verspotten die obere Welt, die Geister leben in Fengdu." Damit wurde die Geister-Stadt um so mehr geheimnisvoll. Die Geister-Stadt Fengdu als ein Denkmal, das andere Tempel nicht ersetzen können.

Die Teufel-Kultur von Fengdu und die schöne Landschaft sind längst nicht nur in China, sondern auch auf der ganzen Welt berühmt. In den letzten Jahren wurden mit der Modernisierung am Berg Ming die Seilbahn, die Halle der Unsterblichen in der Stadt und die auf der Welt größte Statue des Teufel-Königs rekonstruiert. Die Zunge des Teufel-Königs beträgt 81 m. Sie ist eine der neuen Sehenswürdigkeiten der Geister-Stadt. Am 3. 3. nach dem Mondkalender wird jährlich auf dem Berg Ming in Fengdu das Teufelsfest gefeiert. Zu der Zeit trägt man verschiedene Masken von Teufeln auf der Straße. In den folgenden Tagen werden Vorstellungen gegeben. Zur Zeit blüht das Geschäft. Heute ist Fengdu eine berühmte Sehenswürdigkeit auf der Drei-Schluchten-Reiselinie und zieht jährlich hundert tausend Touristen aus der ganzen Welt an.

Der normale Wasserpegel des Drei-Schluchten-Stausees mit 175 m erreicht den Bergfuß des Berges Ming. Das Tor der Geister-Stadt ist 155 m hoch. Deshalb wird das Tor umgesiedelt und wieder aufgebaut. Die Hauptstadt der Unterwelt bleibt auf dem Berg erhalten. Das alte Fengdu, das am Bergfuß des Berges Ming liegt, wird wegen der Überflutung auf das südliche Ufer verlegen. Der Berg Ming wird eine Insel im Stausee.

Die Geister-Stadt Fengdu

◀

Das Wahrzeichen der Geister-Stadt

Der Shibaozhai-Turm --- ein mehrstöckiges Gebäude mit nach oben gewandten Traufen

Nach dem Aufstau auf 175 m des Drei-Schluchten-Reservoirs wird Shibaozhai eine Insel, ein Bonsai im gekräuselten Stausee.

Die Architektur Shibaizhai, die im Kreis Zhongxian der Stadt Chongqing auf dem nördlichen Ufer des Yangtse liegt, zählt zu den Bauwerken der Weltkultur, und wird von chinesischen und ausländischen Touristen „die Perle am Yangtse" genannt. Der Shibaozhai-Turm liegt auf einem Berg, dessen Wände scheinen, geschnitten zu werden, und wie ein viereckiges Jadesiegel am Yangtse emporragt. Deshalb bekam der Berg den Namen Berg Jadesiegel. Das Gedicht --- „Der einsame Berg Jadesiegel liegt östlich vom Yangtse. Die hohe Terrasse, die natürlich geformt wurde, scheint künstlich geschnitten zu werden." --- beschreibt die Großartigkeit von Shibaozhai.

Nach der Überlieferung haben einige geschickte Handwerker im 24. Jiajing-Jahr der Ming-Dynastie (im 16. Jahrhundert) vor dem Berg Jadesiegel erforscht, wie die Vorfahren Steine gemeißelt und Löcher gebohrt haben. Danach konnte als Hilfe zum Besteigen die Eisenketten durch die Steine gezogen werden. Dann wurde auf der Grundlage der Form des Berges Jadesiegel ein einzigartiges Bauwerk errichtet. Tagelang beobachteten die Handwerker gewissenhaft die Bodenrelief des Berges, und diskutierten über Baumethoden, aber sie fanden keine passende. Eines Tages sahen sie unerwartet, wie ein Adler, der die Flügel ausbreitete, am Himmel seine Kreise zog, und die Bergspitze überflog und sich schließlich in die Höhe schwang. Davon bekamen sie Eingebungen und entwarfen das alle befriedigende Konzept :" ein Gebäude am Berg gemäß seiner topographischen Lage zu bauen". In der Ming-Zeit nahm die Architektur Shibaozhai bestimmten Umfang an. Während der Kangxi-, Qianlong-Jahre der Qing-Dynastie (im 17 -18 Jahrhundert) wurde die Architektur Shibaozhai verbessert. Der Architektur Shibaozhai wurde damit zusätzliche Glanz verliehen. Es wurde noch schöner als das ursprüngliche. Shibaozhai ist ein 12stöckiges, 56 m hoher Turm, dessen Rücken am Berg lehnt. Die Stockwerke sind aneinander angeschlossen bis zur Bergspitze. Die ganze Architektur hat keinen Nagel benutzt. In der ganzen Struktur sind Kanthölzer und Steine geschickt verbunden. Das meisterhafte Können der Vorfahren, nämlich die Natur und Architektur zu vereinen ist das typische von Shibaozhai.

Wenn man den Shibaozhai-Turm aus der Ferne erblickt, bekommt einen faszinierenden Eindruck von dem mehrstöckigen Turm, der wie in den Himmel hervorragt. Er wird von Wolken gekräuselt, steht wie allein am Fluss, seltsam und wunderschön, wie ein Bild aus der Märchenwelt. Beim Eintritt in das Gebäude

Das Haupttor zum Shibaozhai Turm

von Shibaozhai kann man auf den ersten Blick die über dem Tor hängende Gedenktafel sehen, worauf mit chinesischen Schriftzeichen „Mit Wolkentreppen aufsteigen" geschrieben ist. Dort kann man auch in zwei Zeilen die Verse lesen, „ An vier Seiten steht keine Treppe zum Hochklettern. Mit diesem Turm kann man Wolken besteigen". Nach dem Eintritt kann man über eine Treppe den Turm besteigen. Man kann in jedem Stockwerk aus dem Fenster die Landschaft rundherum bewundern. Aus dem neunten Stock heraustretend befindet man sich nun vor einer paar alte Bauwerke auf der Spitze der Hügel. Darin werden verschiedene Persönlichkeiten aus der Geschichte von Zhongxian mit Tonskulptur, Malerei, Gedichten und Gedenktafeln vorgestellt, wie Ba Manzi, Zhang Fei, Qing Lianyu u. a. Auf der Spitze stehend, erblickt man viele Gipfel mit grünem Wald in der Ferne und nach unten kann man den Yangtze mit fahrenden Booten und Schiffen sehen. Vor dieser Landschaft von überwältigender Schönheit überfällt einen der Eindruck, wie ein Gedicht beschreibt: Wenn kein Regen gekommen wäre, hätte man vergessen, den Turm zu verlassen.

Das Tor von Shibaozhai steht auf einer Höhe von 173.5 m. Im Jahr 2009 wird der Wasserpegel des Drei-Schluchten-Stausees auf 175 m ansteigen, und damit1,5 m darüber. Das Problem ist aber der Grundwasserstand im das Gebäude Shibaozhai stützenden Berg Jadesiegel , der bei 148 m bis 158 m. Liegt. Das heißt, die Grundfelsen des Berges sind noch 7 --- 15 m höher als der Grundwasser. Wegen des normalen Aufstaus des Drei-Schluchten-Projekts auf 175 m. steigt der Grundwasserstand in diesem Gebiet wenigstens auf die Höhe von 175 m. Das führt dazu, dass der Felsen des Berges Jadesiegel unter Wasser gesetzt und aufgeweicht werden könnte und der Berg könnte zusammenbricht und deformiert wird. Damit könnte die antike Architektur beeinträchtigt werden. Deshalb bezieht sich der Denkmalschutz von Shibaozhai nicht nur auf den Schutz der antiken Architektur sondern auch auf den Schutz des Berges und dessen unmittelbare Umgebung. Das Schutzkonzept ist der Bau einer Mauer aus Beton um das Gebäude Shibaozhai. Diese Mauer umgibt wie ein riesiger Becken Shibaozhai-Turm mit dem Berg Jadesiegel(Yuying Berg). Um die Besichtigung von Shibaozhai mit Rundblick zu gewähren, wird man eine Scharte mit einer Breite von 50 m an der Mauer versehen. An dieser Stelle wird ein abschließbare Tor aus Stahl errichten. Beim Wasserstand des Stausees von 175 m wird das Stahlschleusentor geschlossen. Beim Wasserstand von 145m wird dieses Tor geöffnet, damit die Touristen durch das Tor das Landschaftsbild von Shibaozhai zu genießen können.

Der Shibaozhai Turm in Zhongxian

Der Zhang-Fei-Tempel --- die berühmte historische Stätte auf dem Ba-Shu-Gebiet

Der Zhang-Fei-Tempel wird als einziges von allen Denkmalschutzprojekten des Drei-Schluchten Projekts an einem anderen Ort umgesetzt. Der Tempel liegt eigentlich am nördlichsten Bergfuß des Berges fliegender Phönix auf dem südlichen Ufer im alten Kreis Yunyang. Der Tempel besteht vor allem aus der Haupthalle, der Nebenhalle, dem Gebäude Jieyi (Freundschaft zu schliessen), dem Pavillon Wangyun (Wolken zu genießen), dem Pavillon Zhufeng (Wind zu verstärken), dem Pavillon Dujuan (Azalee), dem Pavillon Deyue (Mond zu bekommen) usw. auf einer Fläche von 2000 m². Der Tempel stammt aus der Zeit 300 Jahren nach u. Zeitrechnung. Nach einer weit verbreiteten Überlieferung wurde der General Zhangfei von seinen verratenen Offizieren Fanjiang und Zhangda umgebracht. Die beiden Verräter brachten den Zhangfei's Kopf mit, um sich im feindlichen Staat Wu Verdienste zu erwerben. Als die beiden Verräter unterwegs in Yunyang aufhielten, bekamen sie die Nachricht, dass die beiden Staaten Wu und Shu nach Verhandlungen eine Waffenruhe vereinbarten. Sie warfen den Zhangfei's Kopf in den Yangtse und entflohen. Darauf holte ein alter Fischer den Kopf vom Fluß an dem Übergang Tongluo (Kupfergong) heraus. Aus der Angst warf er auch den Kopf zurück in den Fluß. Aber der Kopf umkreiste erschreckend das Fischerboot. In der Nacht hat der alte Fischer vom General Zhangfei geträumt. Er kniete vor dem Fischer und sagte weinend: „Ich habe mir das große Ziel gesetzt, der Kaiserfamilie der Han-Dynastie zu helfen. Ich bin entschlossen, nie mit dem feindlichen Staat Wu zusammen zu existieren. Lassen Sie mich nicht mit dem Strom nach Wu fahren. Holen Sie bitte meinen Kopf und begraben sie ihn im Land unseres Staats Shu!" Der alte Fischer schrak aus dem Schlaf auf und holte eilig den Zhangfei's Kopf heraus und setzte ihn am Fuß des Berges fliegender Phönix neben dem Übergang bei. Heimische Leute gründeten einen Tempel als Andenken an die Verdienste des Generals Zhang Fei.

Auf der auf der Südflussseite liegenden Felswand vor dem Zhang-Fei-Tempel wurden die vom berühmten Kalligraphen Pengjuxing am Ende der Qing-Dynastie (vor über 100 Jahren) geschriebenen 4 großen Schriften „frischer Wind auf dem Yangtse" eingraviert. Im Jahr 765 kam Dufu, ein grosser Dichter, in Yunyang an, und hielt sich zwei Jahre lang hier auf. Er hat hier mehr als dreißig Gedichte hinterlassen. Der Pavillon Zhufeng hat eine lange Geschichte, er wurde im Jahr 850 in der Song-Dynastie gebaut. Der Bau des bis jetzt erhaltenen 1400 m² großen Zhang-Fei-Tempel erfolgte in den Zeiten der Song-, Ming-, Qing-Dynatien (von 1000 bis 1900). Der Tempel ist ein Meisterwerk klassischer chinesischer Architektur seit der Song-Dynastie und wertvoll für die Forschung unserer antiker Architektur. Der Zhang-Fei-Tempel ist reich an Gedenktafeln, Reliefen, Kalligraphiewerken und Bildern. Deshalb hat der Tempel seit langen den Ruf „berühmter Ort der Kultur" und den Ruhm „unvergleichbarer Artikel, Kalligraphien und Reliefe". Im Tempel befinden sich jetzt noch mehr als 360 Gedenktafeln, auf die Felswand gravierte Reliefe und 217 geschnitzte Holzbilder. Die Gedenktafel „Der Offizier Wang Yizhou leitet 40,000 Personen im 13. Tianjian-Jahr der Liang-Zeit, am Tempel vorbei " hat eine Geschichte von 1465 Jahren alt. Dessen Kalligraphie gehört mit ihrer klassischen Schönheit und feinem Geschmack zum Kunstschatz. Die Stein- und Holzschnitzereien, Bilder, Schriftewerke wie die Gedenktafel von Zhangbiao in der Schriftart Handi, die Yan Zhenqing's Briefe, das Gedicht „ruhige und reizvolle Orchidee" von Huan Tingjian, das Gedicht über die rote Felswand (Chibi) von Su Dongpo sind mit großem technischen Können gefertigt und voll von glänzenden Inhalten Sie erregen Staunen und Bewunderung. Neben Gedenktafeln werden jetzt im Tempel noch Bronzeglockenspiele der westlichen Zhou-Zeit, Bronzeschwerter der östlichen Zhou-Zeit, die Ziegelsteine der Han-Zeit und über 350 Kulturgegenstände mit großem historischem und technologischem Wert gezeigt. Auf der Wand des Tempels gibt es noch eine Flutmarke des Gengwu-Jahres der Qing-Dynastie. Der Stein vom Drachenrücken liegt östlich vom Tempel. Darauf wurden mehr als 170 Wasserstandmarkierungen seit dem 3. Yuanyou-Jahr(etwa 1050 n. Chr.) der nördlichen Song-Dynastie graviert. Damit bietet der Stein wichtige wasserkundliche Informationen des Yangtse an.

Der Architekturkomplex des ursprünglichen Zhang-Fei-Tempels liegt in der Höhe von 130 --- 160 m, während der Wasserstand nach dem Aufstau des Drei-Schluchten-Stausees auf 175 m ansteigt. Deshalb wurde der Tempel im Jahr 2003 vor dem Aufstau nach dem Schutzprinzip, dass fast nur die abgebauten ursprünglichen Materialien des Zhang-Fei-Tempels beim Wiederaufbau benutzt werden, umgesetzt. Nur die alte Zhangfei's Statue aus Ton wird von einer 3.1m hohen und 4

Tonnen schweren Kupferstatue ersetzt, die mit großen und runden Tigeraugen prachtvoller erscheint als die alte, und über 300,000 Yuan kostete. Der Kreis Yunyang wird vollständig überflutet. Die neue Kreisstadt liegt 32 km oberhalb des Yangtse. Der Zhang-Fei-Tempel wurde im Bezirke Panshi auf dem südlichen Ufer des Yangtse dem neuen Kreis gegenüber verlegen. An diesem Ort ist der Flair des Tempels erhalten, der am Fuß eines Berges und dicht beim Fluß liegt. Die kulturelle Beziehung nämlich, dass der Tempel dem Kreis gegenüber auf dem anderen Ufer liegt, wurde auch wieder hergestellt. Der neue Ort ist günstig für das ursprüngliche Arrangement des Zhang-Fei-Tempel, das das harmonische Verhältnis zwischen dem Zhang-Fei-Tempel und dessen Umgebung wieder zur Schau stellt. Diese Schutzmaßnahme entspricht damit einmal mehr dem Schutzprinzip der Kulturdenkmäler.

Der Zhang Fei Tempel in Yunyang

Der Longjistein (Drachenrückenstein) in Yunyan

Auswirkung des Projekts auf die natürliche Landschaft in den Drei-Schluchten

Die 193 km lange Drei Schluchten des Yangtse ist für ihre „imposante, wunderbare, schroffe und zierliche" Landschaft und zahlreiche kulturelle sowie historische Relikte weltbekannt. Der Aufstau des Drei-Schluchten-Projekts wirkt sich natürlich auf die Landschaft aus. Die Gipfeln entlang des Flussabschnitts der drei Schluchten sind normalerweise 800 -- 1000 m hoch. Der maximale Aufstau des Reservoirs wird auf 175 m erfolgen, und der Wasserstand wird sich im Vergleich zum natürlichen maximal um 110 m erhöhen. Der Wasserstand wird am Gipfel Fee und am Eingang der drei Schluchten --- Kuimeng-Tor der Qutang-Schlucht um über 50 m steigen. Wegen der Erhöhung des Wasserstands verwischen sich „Eindrücke der Schluchten", aber es werden gefährliche Untiefen, Riffe sowie kulturelle Hinterlassenschaften alter Zeiten unter Wasser gesetzt. Die fließende Stromlandschaft verschwindet. Gleichzeitig ersetzt ein großer, langer, schmaler Stausee den eigentlichen Flusslauf.

Aber da die drei Schluchten zum Einzugsgebiet des Reservoirs gehören, wird die Schiffahrtsbedingung erheblich verbessert. Der Stausee wird in die Nebenflüsse und Tiefen der Schluchten eindringen, und die kleineren drei Schluchten am Daling-Fluss, am Shennong-Fluss, den Steinwald am Gezi-Fluss, den Baolong-Fluss usw. erschießen. Viele Sehenswürdigkeiten, die man früher über gewundene Bergpfade erreichen mußte, kann man jetzt mit einem Boot besichtigen. Auf dem berühmten Landschaftsgebiet im Drei-Schlucht-Flussabschnitt bleibt der größte Teil der Sehenswürdigkeiten erhalten. Das imposante Drei-Schluchten-Projekt gehört selbst zur Landschaft der Extraklasse. „Hohe Schluchten, ein ruhiger Stausee," bilden das große Drei Schluchtenprojekt. Entlang des Yangtse vom Gazhou-Staudamm bis zum Drei-Schluchten-Staudamm erstreckt sich der Stausee westlich nach Chongqing, nördlich nach Shennongjia. Das ist nämlich der Umfang der großen Drei Schluchten, die in der Zukunft ein bevorzugtes Reiseziel werden.

Die Fotos stammten aus den letzten Jahren der Qing-Zeit (1911). Bei einer Dienstreise nach Chengdu in der Provinz Sichuan zu seinem Büro hat Fritz Weiß, ein deutscher Diplomat in der Qing Dynastie, die Bilder in den Drei Schluchten gemacht, als er mit einem Holzboot von Yichang nach Chongqing fuhr.

Bei der Schifffahrt aufwärts in die Drei Schluchten ging es um eine Bergfahrt. Sie verlief unter schwierigen Bedingungen, die durch gespannte Treidelseilen und laute Arbeitlieder gekennzeichnet waren. Bei der Abwärtsschifffahrt erlebte man gefährliche Szenen Schlag auf Schlag wie z. B. schwindlige Stromschnelle, tobende Wellen, schreckenerreckte Riffe usw. Deise Bilder notierten wahrheitstreu die gefährlichen Szenen bei der Schifffahrt durch die Drei Schluchten unter den schlechten Schiffwegsbedingungen sowie die Kämpfe der Treidle und Matrosen das Leben riskierend gegen Wellen und Stromschnelle.

Die Qutang-Schlucht

Die Qutang-Schlucht ist wegen ihrer imposanten und schroffen Landschaft berühmt. Ein Gedichtsatz beschreibt die Qutang-Schlucht wie folgendes „Die Gipfeln und der Himmel vereinigen sich, aber die Boots fahren in der Hölle ". Diese Schlucht ist die kürzeste und imposanteste Schlucht, die westlich an der Bai-di-Stadt in Fengjie anfängt, östlich am Daxi-Bezirk in Wushan endet und insgesamt 8 km lang ist. Am Eingang der Qutang-Schlucht --- am Kuimeng-Tor scheinen steil die abfallenden Felswände auf den Ufern von Messern geschnitten und von Äxten gehauen zu sein. Die beiden Felswände stehen sich gegenüber wie zwei Torflügel. Dadurch zwängt sich der Fluss, der hier nur hundert Meter breit ist. Wenn die Durchflussmenge $5\times10^4 m^3/S$, überschreitet, entstehen unvorstellbare Kräfte des Stroms, die den Eindruck erwecken, das Kuimeng-Tor durchschlagen können. Früher, wenn man mit einem Boot an diesem Tor vorbeifuhr, fühlte man sich atemberaubend, und erfuhr am eigenen Leib den künstlerischen Gehalt der Schnitzerei --- „Das Kuimeng-Tor ist das imposanteste auf der Welt." Nach dem Aufstau steigt der Wasserstand am Kui-Meng-Tor nur um mehr als 40m, aber die Qutang Schlucht bleibt immer noch großartig. Manche Sehenswürdigkeiten in der Qutang Schlucht, wie die alten an einer Felswand gebauten Holzstege, Quellwasser trinkender Phönix, umgekehrt hängender Mönch liegen schon unter Wasser.

An der südlichen Felswand des Kuimeng-Tors gibt es eine „weiß angestrichene Wand", die hundert Meter lang und zehn Meter hoch ist. Darauf wurden zahlreiche Inschriften seit der Song-Dynastie in den Fels eingeritzt. Wenn man sie vom Schiff anschaut, ist die Inschrift „Kui Meng", „Qu Tang" am augenfälligsten. Die wertvollste Inschrift ist die Ode von der heiligen Tugend des Song-Kaisers, die ungefähr 4 m hoch, fast 7 m breit ist. Darauf wurden fast tausend große Schriften gehauen. Da die Inschrift in der Höhe steht, muß man den Kopf aufheben, um sie lesen zu können. Der Mut und die Geschicklichkeit der alten Künstler ist zu bewundern. „Aus den Kui-und Wu-Schluchten treten japanische Angreifer verjagen" wurde vom General Feng Yuxiang am Anfang des Antijapanischen Kriegs geschrieben. Damals wurde der größte Teil Chinas von Japanern besetzt. Aber die Regierung der Kuomingdang-Partei fand sich mit den Zuständen im Südwesten ab. Wenn man zu dieser Inschrift und dem Kuimeng-Tor aufblickt, fällt einem sofort das Gefühl ein, dass das Territorium des Vaterlands nicht verletzt werden darf.

Die Schutzmaßnahmen der Inschriften an Felswänden: Zuerst werden alle Inschriften vom Stein abgezogen. Am neuen vorgestellten Ort, das im Unterlauf 100 m weit vom eigentlichen Ort in 210 m Höhe an der Felswand liegt, werden alle Abdrücke imitiert. Manche wichtige Inschriften werden abgeschnitten und im Drei-Schluchten-Museum in Chongqing oder am obengenannten neuen Ort ausgestellt. Weitere Teile werden vorn Ort aufbewahrt.

Die Baidi-Stadt am Eingang der Qutang-Schlucht ist ein berühmtes Reiseziel der drei Schluchten. Deren hauptsächliche landschaftliche Schönheit besteht in ihrer Lage auf dem Berg in über 230 m Höhe. Nach dem Aufstau auf 175 m wird die Baidi-Stadt eine Insel im Fluss.

▶

Die steile Qutang Schlucht

Die Steinhauerei in den Drei Schluchten

Die imposante Qutang Schlucht

Die majestätische Qutang Schlucht ▶

Die Wu Schlucht

Die Wu Schlucht wurde nach dem Wu Gebirge benannt und ist wegen ihrer Tiefe, Ruhe und hübschen Landschaft berühmt. In der langen und tiefen Wu Schlucht strömt der Fluss in Zickzacklinie, zahlreiche schöne Gipfel ragen empor. Die Wu Schlucht ist 45 km lang, sie erstreckt sich westlich von der Mündung des Daling-Flusses im Kreis Wushan, der Stadt Chongqing und östlich bis zu Guan Du-kou im Kreis Badong. 12 Gipfel des Wu Gebirges ergeben eine traumhafte und poetische Landschaft. Der Nebel und Regen wechseln sich im Wu Gebirge ganz rasch ab.

Der bekannteste Gipfel Fee des Wu-Gebirges ist 922 m hoch. Nach dem maximalen Aufstau des Drei-Schluchten-Projekts auf 175m bleibt der Gipfel noch 747m höher über dem Fluss. Der Daling-Fluss strömt durch den alten Bezirk Dachang des Kreises Wushan, und dann die Dicui-Schlucht, Bawu-Schlucht, Longmen-Schlucht, die 50 km lange kleine drei Schluchten bilden. Dort ist der Flusslauf eng, der Fluss flach und die Strömung reißend. Viele Touristen, die die kleinen drei Schluchten besichtigt haben, bewundern die schöne und einzigartige Landschaft, und halten die kleinen drei Schluchten für schöner als die großen drei Schluchten. Nach den 80er Jahren des 20. Jahrhunderts werden die kleinen drei Schluchten ein Reiseziel, das die Touristen anlockt. Da die Berge in den kleinen drei Schluchten nicht hoch sind, verwischen sich die „Eindrücke der Schluchten". Wegen der Erhöhung des Wasserstands werden die ruhigeren kleineren drei Schluchten mit dem Madu-Fluss --- dem Nebenfluss des Daling-Flusses erschlossen. Gegenüber dem Kreis Badong ist der Shennong Bach, der im Shennongjia-Naturschutzgebiet entspringt, wo die Pflanzen üppig gedeihen, Vögel singen und Blumen duften. Die Tiefe des Shennong-Bachs war früher wegen seiner reißenden Strömung und gefährlichen Untiefen schwer zugänglich, während man nach der Aufstauung nicht nur in einem kleinen Boot mit dem Strom schwimmen, sondern nun auch entlang des Bachs direkt das Shennongjia-Naturschutzgebiet erreichen kann, um den Urwald zu erforschen. Gegenüber dem Gipfel Fee liegt der Bach Fee mit schöner, ruhiger und eigentümlicher Landschaft sowie mit legendären Überlieferungen.3 Gipfel von 12 der Wu Schlucht, nämlich „Gipfel steigende Wolken (Qiyun), Gipfel Steigerung (Shangsheng), Gipfel reiner Tempel (Jingtan)", liegen an den Ufern des Bachs Fee. Ein altes Gedicht lautet: "am kleinen Bach den Gipfel reiner Tempel zu besuchen" Vorher gingen viele Leute ohne Rücksicht auf Schwierigkeiten und Gefahr entlang des Bachs Fee über holprige Bergwege, um den Gipfel reiner Tempel zu besichtigen, während Touristen nach dem Aufstau mit einem Vergnügungsboot auf dem Bach Fee geruhsam fahren können.

Wu Schlucht im Herbst

Der alte Holzgesteig in den Drei-Schluchten ist 60 km lang, 2 bis 3 m breit und hängt in Höhen von duzenden m über dem Fluss. Der Steig wurde von vielen Benutzern nur voller Angst bewältigt.

Stein von Treidler

▶

Treidler in den Drei Schluchten
Schwarzglänzende Rücken, saitenartiger Treidelseile, die unzählige Spuren an vielen Treidelsteinen hinterließen, die Arbeitslieder der Treidler und Holzsteige an den gefährlichen Felsen sollen uns immer an die schwierige Schifffahrt auf dem Fluss in den Schluchten von gestern erinnern

Die Xiling Schlucht

Die Xiling Schlucht ist mit einer Länge von 76 km von der Mündung des duftenden Bachs im Kreis Zigui bis zum Pass Nanjin bei der Stadt Yichang die längste von den Drei Schluchten. Diese Schlucht war für viele Untiefen und reißende Strömung bekannt. „Untiefen Qing und Xie sind keine richtigen Untiefen. Die Untiefe Kongling ist wirklich der Eingang zur Hölle". Nach 1981 ist der Wasserstand der Xiling Schlucht nach dem Aufbau des Gezhou-Staudamms um über 20m gestiegen. So wurden die gefährlichen Untiefen und Riffe überflutet und damit der Schifffahrtsweg verbessert. Nach der Aufstauung des Drei-Schluchten-Reservoirs wird der Wasserstand des oberen Abschnitts dieser Schlucht wieder um mehr als 100 m steigen. Dadurch wird aber die Schlucht des Strategiewerks und Schwerts beeinträchtigt. Das Rätsel des Strategiewerks und Schwerts wurde erforscht und gelöst. Tatsächlich hingen und lagen Särge in der Felswand, die jetzt im Tempel Quyuan gesichert und ausgestellt werden. Die Felsen Leber des Stiers und Lunge des Pferdes der Schlucht Leber des Stiers und Lunge des Pferdes werden vollständig überflutet. Die beiden Felsen wurden abgeschnitten und an einen neuen Ort im Kreise Zigui verlegt. Das Landschaftsgebiet Gaolan, das sich im Kreis Xingshan in Hubei befindet, ist ein enges und langes Tal, in dem ein klarer Bach Xiang fließt. An beiden Ufern ragen schöne, eigenartige Berge empor. Daher bekam der Bach den Namen „kleiner Fluss Li". Wegen der Beschränkung der Verkehrsbedingung könnten ganz wenige Leute dorthin fahren. Nach der Aufstauung auf 175 m fahren nun die Touristen von der Mündung des Flusses Xiang in den Yangtse im Kreis Zigui mit einem Boot ins Landschaftsgebiet Gaolan.

Der Feilai Tempel

Die Xiling Schluch

Eine Vogelschau der Xiling Schlucht
◀

Ewige Schönheit der neuen Drei-Schluchten

    Man bezeichnet die hohen Schluchten, den ruhigen See und den Staudamm der Drei-Schluchten die neue Drei-Schluchten. Ihre Landschaft bleibt immer schön auch nach dem Aufstau des Drei-Schluchten-Projekts. Die Qutang Schlucht und ihr Kuimen Pass(Kui-Eingang) haben immer noch ihren imposanten Anblick, aber die Baidicheng Stadt ist nun zu einer Insel auf dem See geworden. Die Wu Schlucht ist auch malerisch mit allen ihren schönen Gipfeln., Wolken und Nebel spielen dazwischen, und die wunderschöne Fee steht immer noch auf der Spitze des Berges. Man kann die schönste Landschaft unter dem Himmel in der Xiling Schlucht bewundern. Das majestätische Drei-Schluchten-Projekt bringt China Segen.

Die Schluch über Xiling

Die Reservoirzone der Drei Schluchten nach der Aufstauung

Die Qutang Schlucht nach der Aufstauung

Die Baidi-Stadt am Eingang der Qutang Schlucht ist ein berühmtes Reiseziel der drei Schluchten. Deren hauptsächliche landschaftliche Schönheit liegt auf der Bergspitze in einer Höhe von über 230 m. Nach dem Austau auf 175 m wird die Baidi Stadt eine Insel im Fluss.

Das Tor der Baidi-Stadt

Der Pavillon der Sternbetrachtung

Die Tuogu Gedenkhalle von Liu Bei

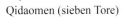

Qidaomen (sieben Tore)

Die Wu Schlucht nach der Aufstauung

Regenwolken über dem Wu Berg

Ausblick auf die Wu Schlucht aus der Luft

Schifffahrt durch die Drei Schluchten in der Nacht

Der Shennüxi (Fee Bach)

Die Nahaufnahme von dem Shennü Güpfel (Fee Gipfel)

Der Nanjin Pass formt das Ende der Drei Schluchte des Yangtse. Der Strom wird hier enger, und das Geländer ist strategisch wichtig und schwer passbar. Es wird oft gesagt : "Der Pass befindet sich imposant auf dem Weg nach Shu (heute Sichuan) und bildet die erhabene Tor von Jin Zhou." Durch den Pass strömt der Fluss in die Ebene hinaus und kommt zur Ruhe, weil sich die Breite des Flusses von 300 m auf 2200 m vergrößert.

Navigation in der Drei Schluchten

Drei Steinmesser in Liantuo

Der Huangling Tempel

Von der Natur gebaute Brücke

Die Schlucht des Schattenspiels

Das grosse Drei-Schluchten-Projekt

圖書在版編目(CIP)數據

宏偉的三峽工程:德文/李金龍主編.
—鄭州:黃河水利出版社,2005.3 (2011.3 重印)
ISBN 978-7-80621-896-9
Ⅰ.宏⋯Ⅱ.李⋯Ⅲ.三峽工程—畫冊Ⅳ.TV632.71-64
中國版本圖書館CIP數據核字(2005)第012719號

責任編輯：武會先
責任校對：蘭文峽
責任監製：常紅昕
裝幀設計：李金龍
攝　　影：王連生　王緒波　鄧忠富　何懷強
　　　　　陳　偉　李金龍　徐光萱　簡　易
篆　　刻：蔡静安
版　　畫：徐　水
德文翻譯：袁　力

宏偉的三峽工程	李金龍主編
出版發行：黃河水利出版社	
地址:河南省鄭州市金水路11號	
郵政編碼:450003	
發行單位：黃河水利出版社	
發行部電話及傳真:0371-6022620	
E-mail: yrcp@public.zz.ha.cn	
承印單位：中華商務聯合印刷(廣東)有限公司	
設　　計：中華商務設計中心	
開　　本：889mm×1194mm 1/20	
印　　張：7　印數：1—800	
版　　次：2011年3月第2版	
印　　次：2011年3月第1次印刷	
書　　號：ISBN 978-7-80621-896-9/TV·395	定價：120.00圓

著作權所有，違者必究。舉報電話:13032725378